清单式管理

——猪场现代化管理的有效工具

邓莉萍　谈松林◎主编

中国农业出版社

北 京

图书在版编目（CIP）数据

清单式管理：猪场现代化管理的有效工具/邓莉萍,谈松林主编. —北京：中国农业出版社，2016.5（2020.6重印）
ISBN 978-7-109-21610-5

I.①清… II.①邓… ②谈… III.①养猪场－经营管理 IV.①S828

中国版本图书馆CIP数据核字（2016）第086757号

中国农业出版社出版
（北京市朝阳区麦子店街18号楼）
（邮政编码 100125）
责任编辑 周晓艳

中农印务有限公司印刷 新华书店北京发行所发行
2016年5月第1版 2020年6月北京第3次印刷

开本：720mm×1000mm 1/16 印张：15.25 插页：2
字数：230千字
定价：180.00元
（凡本版图书出现印刷、装订错误，请向出版社发行部调换）

编写人员名单

主　编：邓莉萍　谈松林

编　者：胡承镇　魏金龙

　　　　曹　斌　李思明

　　　　曾宪斌　陈　鑫

　　　　黄卫兵　徐振松

前　言

笔者自1992年从南昌大学食品系毕业后，无意中撞入了农牧这个行业。毕业后国家分配的专业对口单位有酒厂、制药厂等精细加工企业，此时饲料行业还处在刚刚发展的起步阶段。为了将饲料行业与传统农业、手工业区分开来，1983年邓小平同志明确提出了"饲料要作为工业来办"的想法。今日，大家认为饲料厂本来就是个工厂，根本没想到它曾以一个小作坊或者搅拌站的形式存在过，殊不知是经历了30多年的发展历程后，才有了今天现代化的饲料企业。如今养猪业也正处于一个变革的时期，生产经营还不够科学与规范。但是，请不要怀疑我们的猪场经过3～5年的发展，也会成为干净整洁、有序美丽的生态农场！

21世纪初，我所在的公司有个种鸡场，负责公司管理的是泰国的一位专家，他是一名执行力非常强的畜牧工程师。他负责公司管理的几年，养殖成绩一直名列集团的第一名。有一件给我印象很深的事情是：有一次场里鸡群发生了疾病，他所做的第一件事情不是像其他人一样，去查鸡群得了什么病，而是在第一时间赶到养殖现场，检查鸡群的垫料、鸡场的环境卫生等管理环节是否达到了要求，他检查操作实际与标准之间有没有存在差距、差距在哪里、差多少。他不懂鸡病，但他所有的努力是让工作达标，致力于让鸡不得病。从他身上，我深刻感受到执行标准的重要性。

从事农牧行业20多年来，我感到其实我们不缺勤劳和智慧，缺少的是数据管理。我第一次得到的完整的养猪全程数据是2010年从一个养猪合作社的一对下岗夫妻那里收集到的。这对夫妻虽然下岗，但养猪时仍然保留了产业工人的一些良好习惯：他们住的地方并没有一般养殖场场长的大，但是却干净、整洁得多，并且进出房间还需要换鞋。他们的猪舍也很干净整洁，没有蜘蛛网，猪群处在一个很舒服的状态中。不仅如此，更重要的是他们有一套完整的数据记录，甚至我们的产品配方有调整时，他们都知道并且能描述下来。他们养猪的数量没有别人的多，但利润却比别人高。从他们身上，我深刻体会到养猪人有产业化、数据化的理念是多么重要！

从食品工程专业转到动物营养专业，从品质管理工作转到饲料配方技术，我很庆幸所效力的公司都是有责任感的公司，能够让我在工作中做到致力于选择优良的饲料原料、精细的加工工艺来配制高效的饲料配方。然而，当我们将这样的饲料提供给养殖户的时候，他们的表现却各不相同。"有没有一种饲料可以做到猪吃了就能长、不生病，还皮红毛亮、招人喜爱？"我想，世界上大概还没有这样一种十全十美的产品吧！特别是在养殖行业，要让猪的生长性能发挥得最好，营养、品种、猪舍环境、生物安全等全方位的管理缺一不可。

从2013年开始，由于工作的需要，我尝试着将阿图·葛文德的《清单革命》中介绍的方法，运用到组建技术队伍和为猪场提供服务当中，取得了非常显著的效果。清单革命的确是一个强大的思维和管理工具，它可以给我们的养猪行业带来一场深入人心的观念革命，全面提升猪场的管理水平！

20多年一路走来，感受过养殖户的艰辛，分享过好行情下他们的喜悦，体验过差行情下及疫病来临时他们的揪心与无奈，这里面也不乏我的亲朋好友。作为一个行业工作者，我有机会接触到行业的一些领先理念和技术资料，希望能够与他们一起分享。如果能给业界朋友们提供哪怕是微薄的帮助，那也是我们最大的心愿！

目　录

清单式
管理

猪场现代化管理的有效工具

1 清单式管理是猪场
现代化管理的有效工具

1.1 什么是清单式管理?

　　清单式管理就是将某个领域的知识翻译成通俗易懂的表格，按照某种顺序陈列出来，形成条目明晰、明细、准确、一目了然的清单，而后将清单内容应用于某项职能范围内的管理活动，并使之流程化、标准化、制度化。

　　相对于凭直觉、靠经验、精细化程度低的粗放笼统式管理，清单式管理具有目标明确、简明扼要、便于操作、可检验性强等优点。清单式管理通过对工作目标、业务流程、操作要点等板块进行数据化、标准化的设计，更像是内部管理多了一面镜子、一把尺子，可以照出工作不到位的地方，测出距离标准的差距，从而使各环节工作更规范、更高效。

　　在阿图·葛文德所著的《清单革命》一书中，将人类的错误分为两大类，即"无知之错"和"无能之错"。

　　"无知之错"是因为我们没有掌握相关知识而犯的错，如有些超高难度的摩天大楼我们还不知道该怎么建造，所以犯了错误；而"无能之错"是我们并非没有掌握相关知识，而是因为没有正确使用这些知识而犯的错，如有些摩天大楼因为错误的设计或施工而倒塌了。"无知之错"是可以被原谅的，而"无能之错"是不能被原谅的。在这个知识量非常丰富的时代，我们在工作和生活中发生的错误更多的却是"无能之错"，也就是不能持续地、正确地运用我们所掌握的知识。这并不是一个能力的问题，即使是训练有素的人仍然免不了会犯这样的错误。

　　清单的编制能够杜绝或降低我们的"无能之错"。清单是记忆工具，它会提醒我们不要忘记一些必要的步骤，清晰地列出操作过程中必不可少的基本步骤，并让操作者明白该干什么。这不仅是一种检查方法，而且还是一种保障高水平绩效的纪律。清单为我们提供了一种认知防护网，能够抓住每个人生来就有的认知缺陷，如记忆不完整或注意力不集中等，极大地提高了工作效率。

1.2 清单式管理在政府、企业中的成功应用

《清单革命》一书中列举了清单式管理在建筑业、医疗业、航空业、文艺演出业、投资业、餐饮业等行业成功应用的案例。

作为一种高效务实的科学管理方式，清单式管理对当前中国转型发展也具有深远的战略影响。事实上，我国在行政管理领域、企业管理领域已经推行了清单式管理。它不仅有效地提高了管理的精细化水平，为产品和服务质量升级奠定了坚实基础，而且还能提高行政机关、企业的反应速度和工作效率。

中国运载火箭技术研究院就特别注重运用清单式管理，他们几乎每一道工序都有一张清单，清单上清楚列出了该工序的所有操作、零部件名称及其型号，甚至连螺钉的力矩都有明确要求。中国航天成功的原因有很多方面，但是清单式管理在最基础的操作层面上发挥的作用不可忽视。

中心静脉置管感染比例从11%下降到了0

避免了43起感染和8起死亡事故

为医院节省了200万美元的成本

员工的工作满意度上升了19%
手术室护士的离职率从23%下降到了7%

1.3 现代化猪场推动清单式管理的必要性

今天是一个变革的时代，我们都身处在这个大变革的浪潮当中，没有人跑得掉，作为中国农业生产中非常重要的养猪业更是处在一个变革、转型升级的时代。我国的生猪生产正面临着自身生产力水平低下、环保问题日益突出、国外猪肉大量进口等方面的压力与竞争，这些也逼迫着养猪行业必须转型升级。中国生猪产业的发展也已经不再是盲目地追求规模，而是进入到要综合考虑平衡发展模式、追求质量、生产效率的时代。

鸡蛋，从外打破是食物，从内打破是生命。猪场亦是，如果等待各种压力从外打

破，那么注定会成为别人的食物；如果能让自己从内打破，那么你会发现猪场也将获得重生。

那么，猪场应该如何从内突破，获得新生呢？

传统养猪从业者的习惯是粗放、随意、差不多，猪场也一直给人以脏、乱、差的印象，而养猪现代化管理的要求是高效、优质、安全、环保。

要从内突破自己，首先就要改变我们的一些根深蒂固的习惯。

猪场管理者要做的就是改变人们的思维方式，改变人们的行为习惯，创造出一片新的天地！那么用什么方法来改变猪场从业人员传统的习惯、传统的思维模式呢？方法之一就是要重视猪场的清单式管理！

传统**猪场** 如何转变？ → 现代**猪厂**

脏、乱、差　　　　　　　　　　　　高、大、上
副业　　　　　　　　　　　　　　　专业
粗放　　　　　　　　　　　　　　　精细
随意　　　　　　　　　　　　　　　标准
无序　　　　　　　　　　　　　　　有序

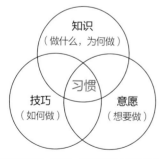

习惯是知识、技巧、意愿相互交织的结果

当前中国猪场的管理水平与发达国家相比，很大的差距在于大部分猪场的管理粗放、笼统、模糊化程度太高，管理者比较缺乏精准化思维，跟着直觉走，凭经验办事，流程和要领不明晰，操作环节标准化和精细化程度不高，在管理方法上热衷于所谓的谋略和艺术。因此，建立一个高效与可持续发展的现代化猪场更需要一场清单式管理革命，导入工业化思维模式，让过程标准化并可以复制。清单式管理作为一门科学在于它可以复制，而经验是没有办法复制的。清单式管理能够给猪场带来的好处如下：

(1) 将养猪知识系统化，并转化为可操作化规程。

(2) 建立猪场管理系统，规范员工的做事方法。

(3) 目标、标准一致，信息传递清晰、高效。做到精炼、精准、数据化，标准一致、

理解一致，不仅仅只是"严格执行""认真贯彻"。

（4）对生产过程中的要点进行提醒，减少失误，提高合格率。无论我们有多么细致的专业分工和培训，但一些关键步骤还是会被忽略，一些错误还是无法避免。

（5）让每个员工担负起自己的责任。清单式管理将决策权分散到外围，而不是聚集在中心，让每个人担负起自己的责任，这是清单奏效的关键。

（6）不让生产管理工作中相同的错误重复发生。每个人都会犯错，别再让相同的错误重复发生，别再让我们为那些错误付出沉痛的代价。

清单所带来的力量，有助于我们快速地将旧习惯打破。
习惯是如此顽固，能有效将其打破的恐怕也唯有清单。

（7）猪场管理工作可以追踪检查。江西省某商品猪场（经产母猪存栏约1 000头）在引入了清单式管理方法后，经过1年的时间，猪场生产成绩有了很大的提高，PMSY（1头母猪年出栏商品育肥猪的数量）从2014年的16.1头提高到了2015年的21.2头，猪场效益得到了大幅提升。可见，清单式管理也可以成为提升现代化猪场养殖效益的有效工具。

在农牧行业转型升级的时代，我们需要鼓起勇气，拥抱变革！通过导入清单式管理、标准化的操作和系统化的思维，让猪场从无序化的经营管理转变为有序化，改变猪场的管理模式，提高猪场的生产水平，实现猪场由"场"向"厂"的方向转变，使之肩负起农业现代化的使命！

1.4 猪场管理清单的组织与层级

猪场管理清单是有层级之分的，一般分成以下三个层级：

（1）一级清单　是基础层，解决要做些什么的问题，给出大的标准、大的方向，统一思想、统一认识。

（2）二级清单　是实施层，解决先做什么、后做什么的流程问题。

（3）三级清单　是操作层，解决怎么做、做到什么程度的细节问题，明示具体操作手法。

本书第4章"猪场一级管理清单的主要内容"就是第一级管理清单，通过第一级管理清单，来实现标准和数据理念、心态和管理意识的转变等基本概念的建立。

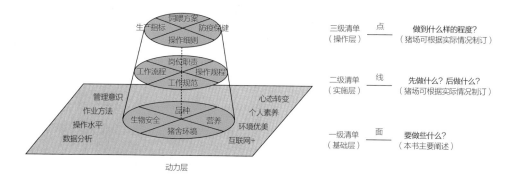

1.5 猪场管理清单的建立原则

（1）设定清晰的检查点（要点）　清单最大的魅力就是在众多的影响因素中，能一眼抓住关键点。譬如，在清单中通过"淘汰是母猪最好的治疗，对于失去生产价值的母猪坚决淘汰！"来说明猪场母猪淘汰工作的重要性。

（2）选择合适的清单类型（匹配）　有的清单是表格化，需要实施人确认；有的清单是流程化，一目了然；有的清单是图形化，明确达到目标任务的程度。在本书的猪场管理清单中，以表格和流程的形式为主，如以表格的形式表达"公猪采精操作流程"等流程，而以图形化的形式表达对"公猪使用频率"的要求。

（3）简明扼要，不宜太长（简明）　清单，简而言之就是一张单据，简明是它的一个特点，没有人愿意为做一项重复的事情，而去手捧厚厚的一本书。

（4）任务清晰，用语精炼、准确（精准）　清单的高效在于作业者能一下子抓住事情的本质，犹如浮沉的股市中一下子就看懂了K线一样。

（5）版式整洁，切忌杂乱无章（有序）　清单的一个优点在于条理清晰，工作任务各个击破，犹如同一条主线将所有的步骤串联起来。譬如，本猪场清单中就以猪群分类，对猪群管理的各个关键点进行了清晰的解析。

（6）必须在现实中接受检验（实用）　无论编制清单的过程多么用心、多么仔细，清单仍必须接受众多实际使用的检验，要经过编制→检验→更新→再检验的过程。

本书中介绍的猪场清单的宗旨就是系统思维，大道至简，系统、简洁、数据、规范、标准、文化。

清单式
管理

猪场现代化管理的有效工具

2 猪场清单式管理目标的
设定

2.1 猪场管理目标

什么是管理？现代管理学之父泰勒提出"管理就是确切地知道要别人去做什么，并使他用最好的方法去干"。

所以对于一个猪场来说，管理的首要任务就是要明确猪场的管理目标，并且使这个目标成为大家的共识。

那么猪场的管理目标是什么？

猪场盈利，永续经营，为社会提供安全的猪肉产品，应该是现代猪场共同追求的目标。

可是，

想盈利就是猪场的管理目标吗？

盈利多少就是猪场的管理目标吗？

显然还不是，猪场的使命和任务必须转化成看得见、摸得着，并且是跳一跳才能够得着的量化数字目标，这个指标必须具有引领性。

想盈利及盈利多少是一个滞后性指标，指的是猪场最终完成目标的结果。当你关注这个指标时，导致这个结果的过程早已结束，显示的只是历史数据而已，不能把控。而引领性指标指的是怎样做才能完成滞后性指标，它的成败直接导致和衡量滞后性指标。

引领性指标有两个显著的特征，即预见性和可控性。

（1）具有预见性意味着一旦某个引领性指标发生了改变，就可以跟进并推断出与其相关的滞后性指标会有什么变化。

（2）可控性意味着可以靠团队的力量使引领性指标发生变化。滞后性指标是你想达到结果的衡量指标，可以告诉你是否完成了目标；而引领性指标却可以教会你怎样才能去完成目标，引领性指标的数据往往比滞后性指标的数据更难以获得，但为此付出代价也是值得的。

只有将猪场的管理目标转化成确切的引领性指标，团队成员才能清楚地知道自己该做些什么，应该承担起哪些职责。从合适的引领性指标起步，有助于团队中每个人发现自己的价值，并全身心地投入到团队的使命中去，有效推动滞后性指标的前进。

2.2 猪场管理清单的目标设定：提高PMSY、降低FCR

　　猪场清单式管理就是紧紧围绕着猪场盈利、永续经营这一目标。具体量化猪场的引领性目标就是：提高每头母猪每年提供的出栏商品猪的数量（pigs marketed per sow per year，PMSY），降低料重比（feed conversion ratio，FCR）。为什么是围绕这两个引领性目标呢？我们来看一下猪场效益的基本公式：

养猪效益 = 收入 − 成本

当收入/成本 > 1时，盈利

当收入/成本 = 1时，平衡

当收入/成本 < 1时，亏本

　　从上面的公式可以看到，猪场要盈利可以从两方面着手：一个是提高收入，另一个是降低成本。那么收入和成本又是由哪些方面所决定的？让我们继续对公式来进行分解：

收入 = 上市肉猪数量（头）× 每头猪的上市重量（千克）× 每千克的市场价格（元）

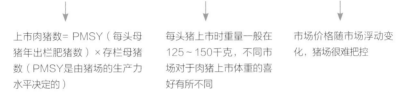

| 上市肉猪数= PMSY（每头母猪年出栏肥猪数）× 存栏母猪数（PMSY是由猪场的生产力水平决定的） | 每头猪上市时重量一般在125～150千克，不同市场对于肉猪上市体重的喜好有所不同 | 市场价格随市场浮动变化，猪场很难把控 |

　　从对猪场收入的解析可以看出，市场价格难以控制，肉猪的上市重量相对固定，最能体现猪场收入差距的指标是每个猪场的上市肉猪头数，而每头母猪每年提供的出栏商品猪的数量（PMSY）就成为猪场管理的关键指标之一了。

　　目前我国猪场PMSY是怎样的一个水平？国外的这一指标又如何呢？

　　从表2-1可以看到，和欧美先进国家相比，我国的PMSY水平还有相当大的差距。由于猪场生产效率的不同，因此生产出同样数量的肉猪，欧美先进国家所需要的能繁母猪数量可以比我国的少很多。

表2-1　我国与欧美先进国家养猪效率的比较

项目	中国现状	中国优异	美国平均	丹麦优异
PSY每年每头母猪［断奶数/母猪·年］	16	21	23	28
PMSY［出栏数/母猪·年］	13	18	20	25
相对中国现状效率	1	1.38	1.54	1.92
需要能繁母猪量（万头）	4 000	2 898	2 597	2 083
需要母猪总量（含10%后备母猪，万头）	4 400	3 187	2 857	2 291

下面我们本着复杂问题简单化处理的原则，看看猪场的PMSY水平由15头提高至20头时，可以给我们带来多大的效益（表2-2）。

表2-2 提高PMSY可以带来的效益

项目	目前现状	目前优异	差异
存栏母猪（头）	500	500	
PMSY（头）	15	20	5
年总出栏肥猪（头）	7 500	10 000	2 500
出栏均重（千克）	125	125	
头肥猪利润（元）	300	300	
头均母猪创造利润（元）	4 500	6 000	1 500
全场每年利润（元）	2 250 000	3 000 000	750 000

同样是存栏500头母猪的猪场，在其他指标不变的情况下，假设每头肉猪的毛利是300元，猪场的PMSY相差5头，两个场每年的利润相差75万元。因此，在我们的猪场管理目标中，PMSY应该首先定为猪场管理的一个量化的指标。

从国外养猪业的发展来看，我国目前也正处在一个行业发展转型的关键时期，提高猪场的PMSY水平已成为猪场管理的关键控制指标。

丹麦的养猪及猪肉产业经过一百多年的发展，已经成为丹麦国民经济的支柱产业之一，并成为当今世界同行业的巨头之一。据丹麦统计局统计，丹麦全国的养猪农场数量逐年减少，母猪存栏数量也逐年降低，但生猪产量却是在逐年提升。2012年，丹麦约有103万头存栏母猪，生猪出栏头数为2 900万头。目前，丹麦养猪场的母猪年平均产仔数为30头，而排名前25%的养猪场母猪年平均产仔数达到32.5头（丹麦近30年养猪业生产效率的变化见图2-1）。

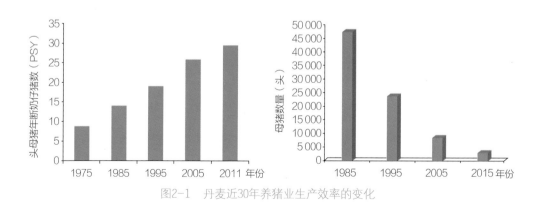

图2-1 丹麦近30年养猪业生产效率的变化

从20世纪70年代开始，美国养猪业进行了工业化，到2000年基本完成，这为美国养猪格局带来了巨大变化。美国养猪业用30年的时间淘汰了80%～90%的养殖户，尽管母猪存栏量减少40%甚至更多，但年生猪出栏量却提高了60%甚至更多（表2-3和表2-4）。

表2-3 美国养猪业模式及生产效率的变化

项目	1970年	2008年	削减/上升幅度（%）
商品猪场（万户）	70	7	-90
专业育肥场（万户）	30	7	-76.67
母猪存栏量（万头）	1 000	580	-42
年生猪出栏量（万头）	7 000	11 400	62.86
头母猪年供活猪数（头）	14	20	42.80

表2-4 美国养猪业主要模式及生产效率现状

美国现状	上市肥猪数（亿头）	上市肥猪占全美比例（%）
存栏4 000头母猪以上规模农场	1.2	90

从国外养猪业的发展历程及现状可以看出，国外养猪业也经历了转型升级、生产效率提高、养猪业规模化、集约化程度提高的一个过程。中国走的是后来居上、跨越式的发展路径，转型与升级的速度一定会更快！用3～5年的时间我们就要走过国外十几年、二十年走过的转型升级的路程（图2-2和表2-5）。

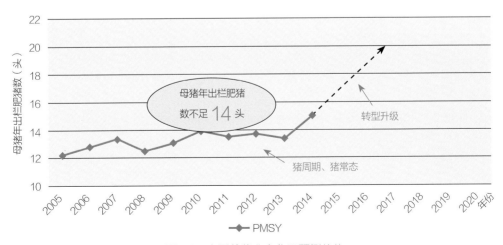

图2-2 中国养猪业变化及预测趋势

表2-5 中国养猪业未来变化预测

项目	2013年	2018年预测	削减/上升幅度（%）
商品猪场（万家）	420	180	−57.10
进口猪肉量（万吨）	58.4	526	806
母猪存栏量（万头）	5 000	3 000	−37.50
年生猪出栏量（万头）	70 000	70 000	0
母猪年供活猪数（头）	14	20	42.80

在提高收入上，我们把PMSY作为猪场管理的一个可数字量化的目标，那么在降低成本上是由什么可量化指标决定的？我们继续对猪场盈利公式进行分解：

$$猪场盈利系数 = \frac{收入}{成本} = \frac{猪价（元/千克）\times 上市肉猪数量（头）\times 上市重量（千克/头）}{料价（元/千克）\times 料重（千克）\div 饲料所占成本比例}$$

$$= \frac{猪价}{料价} \div \frac{料重}{猪重} \times 饲料所占成本比例$$

$$= 猪料比 \div 全群料重比 \times 饲料所占成本比例$$

注：猪重为上市肉猪数量 × 上市猪平均重量；

料价为全群加权平均饲料价格；

料重为全群加权平均采食重量；

全群料重比＝猪场全年采食饲料总量／（年出栏数量× 出栏肥猪平均体重）。

从上述猪场盈利公式可知，猪场盈利系数与猪料比、全群料重比、饲料所占成本比例直接相关。那么我们如何来调控这三个指标，使猪场盈利系数值更大，从而使猪场实现最大化盈利呢？

下面我们将对这三个指标分别进行解析：

（1）饲料所占成本比例　见图2-3和图2-4。

图2-3和图2-4清晰地展示出了猪场成本组成及其占比情况，其中饲料是猪场成本的主要部分，占比一般达到70%以上，不同养殖规模的猪场其饲料占比也为70% ～85%。当规模养殖猪场养殖规模相对稳定时，饲料所占成本比例也相对固定。

（2）猪料比

猪场盈利系数＝猪料比÷全群料重比×饲料所占成本比例

猪料比＝猪粮比×玉米在饲料中所占的平均比例（图2-5）

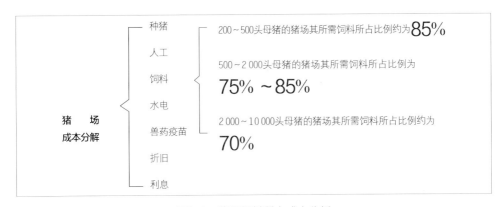

图2-3 猪场饲料所占成本分析

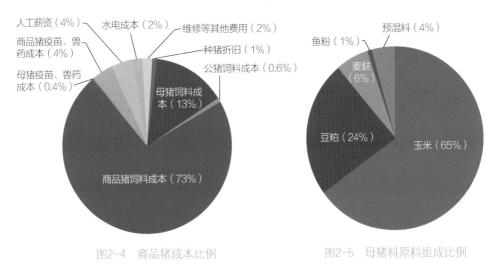

图2-4 商品猪成本比例　　　　　　图2-5 母猪料原料组成比例

$$\text{猪场盈利系数} = \frac{\text{猪粮比} \times \text{玉米在饲料中所占的比例} \times \text{饲料所占成本比例}}{\text{全群料重比}}$$

猪料比是上市肥猪价格和饲料价格比值的一个综合体现。肥猪价格是一个动态指标，会随着市场行情实时变动；饲料价格，包括种猪、仔猪、保育猪、育肥猪等多个饲养阶段猪只所饲喂的饲料价格，它是一个饲料平均值。为了更好地衡量这一指标，我们可通过对猪粮比这一指标的研究来直观体现。

所谓猪粮比，是指生猪出场价格与作为生猪主要饲料的玉米批发价格的比值。通俗地说，就是生猪价格和作为生猪主要饲料的玉米价格的比值。猪粮比价=生猪出场价格/玉米批发价格。按照我国近年来的市场情况，当生猪价格和玉米价格比值在6.0∶1时，生猪养殖基本处于盈亏平衡点，因此6.0∶1也被视为生猪养殖的盈亏平衡点。猪粮比越高，说明养殖利润越好，反之则越差。但比值过大或过小都不正常。

而猪粮比6.0的盈亏平衡点是基于我国养猪水平所定的指标，这个可以从近几年的数据得到验证（表2-6）。

表2-6　2012—2014年我国养猪市场行情分析

年份	猪价（元/千克）	料价（元/千克）	玉米价格（元/千克）	猪粮比	猪料比	玉米价/料价	猪重（千克）	料重（千克）	饲料占成本比例（%）	料重比	猪场盈利系数	毛利（元/头）
2014	12.66	3.26	2.45	5.17	3.87	0.75	125	425	80	3.4	0.91	−158
2013	14.3	3.23	2.34	6.11	4.43	0.73	125	425	80	3.4	1.04	8
2012	14.44	3.07	2.34	6.17	4.7	0.76	125	421	80	3.37	1.12	91

注：1．猪价、料价、玉米价格都为全年平均价格；

2．全群料重比为3.4（当今我国养猪业的平均水平）；

3．饲料在养猪成本中的占比为80%（市场主流规模猪场平均水平）；

4．猪场盈利系数根据猪场盈利公式计算得出。

从近几年的数据来看，当猪粮比低于6.0时，猪场盈利系数小于1，养猪处于亏本状态；而当猪粮比高于6.0时，猪场盈利系数大于1，养猪处于盈利状态；当猪粮比在6.0左右时，盈亏处于平衡状态，而这些数据都源自于全群料重比在3.4的养殖水平上。

《缓解生猪市场价格周期性波动调控预案》（2015年第24号公告）明确指出，根据2012—2014年生产成本数据测算，合理的生猪生产盈亏平衡点对应的猪粮比价为（5.5～5.8）：1。

猪粮比价的下降调整，主要是由于标准化养殖比重明显提高，国内整体的养殖水平得到大幅提升。猪粮比是国家和市场综合调控的结果，它是一个市场指标，同时也反映出猪料比这一指标的变动主要还是受市场的影响。

（3）料重比　当养猪水平提升时，猪场的盈亏平衡会如何变化呢？可以从表2-7找到答案。

表2-7　猪场盈亏平衡变化分析

项目	猪价（元/千克）	料价（元/千克）	玉米价格（元/千克）	猪粮比	猪料比	玉米价/料价	猪重（千克）	料重（千克）	饲料占成本比例（%）	料重比	猪场盈利系数	毛利（元/头）
A	15	3.53	2.5	6	4.25	0.71	125	425	80	3.4	1	−0.31
B	15	4	2.8	5.35	3.75	0.71	125	375	80	3	1	0
C	15	3.52	2.5	6	4.26	0.71	125	375	80	3	1.14	225

由表2-7可知，从A和B比较来看，猪场全群料重比从3.4降至3.0、猪粮比在5.28时就

可以达到猪场盈亏平衡，这比预案中5.50的水平还要低。

A和C比较，在猪料比、饲料所占成本比例都保持不变的情况下，全群料重比从3.4降到3.0时，猪场盈利系数达到1.14，即当全群料重比下降0.4之后，猪场盈利系数增加0.14，每头肥猪的毛利能够达到225元。

结合猪场盈利公式进行分析：

$$猪场盈利系数 = 猪料比 \div 全群料重比 \times 饲料所占成本比例$$

$$猪场盈利系数 > 1，盈利$$

$$= 1，平衡$$

$$< 1，亏本$$

当猪料比、全群料重比、饲料所占成本比例这三者结果为1时，猪场盈利处于盈亏平衡状态；当结果大于1时，猪场盈利，且结果越大，猪场盈利越好。

综合以上，从对饲料所占成本比例、猪料比、全群料重比三个指标及猪场盈利公式的分析可以看出，当规模猪场建成、养殖规模稳定之后，饲料所占成本比例相对固定；而猪料比是一个市场综合指标，其主要是受市场价格变动而变动；最能体现猪场盈利与否的指标是全群料重比，其值高低与猪场内部生产水平息息相关，它是猪场生产成绩的一个综合体现，猪场盈利系数的大小可通过提高生产水平、降低全群料重比的途径来进行调节。因此，全群料重比就成为猪场管理的又一关键指标了。

料重比指标是影响猪场效益的关键点，表2-8列出了料重比的参考标准。

表2-8 规模养猪场料重比参考标准

项目		领先水平	较高水平	较低水平
料重比	全程	2.4 : 1	2.6 : 1	2.8 : 1
	全群	2.9 : 1	3.2 : 1	3.4 : 1

注：目前我国料重比处于较低水平。

那么猪场料重比的差异，可以带来多大效益差距呢？请看表2-9。

表2-9 料重比对猪场效益影响的分析

项目	领先水平	现有水平	差异
存栏母猪（头）	500	500	
PMSY（头）	18	18	
年总出栏肥猪（头）	9 000	9 000	
全群饲料均价（元/千克）	3.92	3.92	
出栏均重（千克）	125	125	
全群料重比	2.9	3.4	0.5
头均出栏肥猪耗料（千克）	362.5	425	62.5

（续）

项目	领先水平	现有水平	差异
饲料成本（元）	1 421	1 666	245
全场总耗料（千克）	3 262 500	3 825 000	562 500
全场总饲料费用（万元）	1 278.9	1 499.4	220.5
商品猪降低成本（元/头）		245	
商品猪降低成本（元/千克）		1.96	

　　表2-9再次本着复杂问题简单处理的原则，当其他指标不变，仅是料重比的不同时，同样是一个500头母猪的规模场，猪场现有水平FCR为3.4，和领先水平（当前美国平均水平）FCR为2.9相比较，每年要多消耗562.5吨的饲料，每头肉猪的成本要高出245元，相当于每千克肉的成本增加了1.96元。因此，可以看到全群料重比对于猪场的重要性，猪场是否能够盈利，料重比是关键！

　　通过对上面公式的解析我们可以更清晰地了解，猪场要有盈利，要做到永续经营的两个关键是：第一提高收入，就必须提高上市猪数量，关键在于提高猪场的PMSY（每头母猪年出栏商品猪头数）；第二就是降低猪场的成本，鉴于饲料在成本中的比重，降低猪场的FCR（料重比）是降低猪场成本的关键。

　　二八原则是20%的原因决定80%的结果，猪场的管理首要抓住猪场普遍问题中最关键性的问题进行决策，以达到纲举目张的效应，这样猪场的管理才能顺畅。

　　通过对影响猪场盈利的两大关键点的讲解，我们明确了猪场的两个关键经营管理目标，即只有提高猪场的PMSY，降低料重比FCR，猪场才能够获得盈利。这样，猪场才可以从"营"到"盈"，最终走向"赢"。

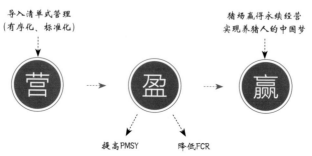

3 猪场清单式管理的
关键控制点

3.1 猪场盈利的黄金法则

德鲁克说："并不是有了工作才有目标，而是有了目标才能确定每个人的工作。"

当猪场管理者将猪场盈利、永续经营这一使命和任务落实在提高PMSY和降低FCR两个具体量化数字目标后，就应该对目标进行有效分解，转变成养殖过程中各个关键点的控制，这样猪场的管理就会变得顺畅起来。

在管理的过程中，抓住管理流程中的关键控制点对于清单的制订尤为重要。在当今信息化时代，对于猪场管理者来说，获取具体的养猪知识并不困难，而如何抓住知识中的关键点，将庞大、复杂的知识转化为有效的操作方案才是关键，这也是当前规模猪场最为缺乏的管理手段。

猪场盈利的黄金法则见图3-1。

猪场盈利=（品种+营养+猪舍+生物安全）×管理

图3-1　猪场管理黄金法则

从猪场盈利的公式可以看到，猪场饲养管理的关键控制点就在品种、营养、猪舍环境、生物安全和管理5个方面。因此，我们在制订猪场管理清单时，就抓住猪场盈利关键点来理清思路。为了方便读者对猪场管理关键控制点有个整体了解，本章将分别对猪场的种猪引种要点、营养、猪场栏舍建设、生物安全4个方面进行概述。管理贯穿在猪场工作的每个环节当中，并且要制度化、流程化、表格化，这些将在后面的章节中以清单内容具体呈现。

3.2 种——猪场引种要点

"后备种猪是猪场的未来!"

种猪的引进关系着一个养猪企业的未来发展,必须重点关注。如果种猪引进和培育管理不规范,就很可能发挥不了种猪的繁殖潜力,或合格率低、或二胎综合征率高、或被提前淘汰,影响猪场的效益。因此,猪场在引进种猪时有必要了解以下信息。

3.2.1 不同品种种猪主要性能比较

见表3-1。

表3-1 不同品种种猪主要性能比较

项目	品种	长白猪	大约克猪	杜洛克猪	长×大二元猪
生产性能	母猪初情期日龄(天)	170～200	165～195	170～200	165～200
适合配种时期	日龄(天)	230～250	220～240	220～240	220～230
	体重(千克)	>120	>120	>120	>130
母猪产仔数	初产(头)	>10	>10	>8	>10
	经产(头)	>11	>12	>9	>11
21日龄窝重	初产(千克)	>50	>50	>40	>50
	经产(千克)	>55	>55	>50	>55
生长性能(达100千克时)	日龄(天)	<180	<180	<180	<170
	料重比	2.4～2.6	2.3～2.6	2.3～2.5	<2.8
	背膘厚(毫米)	15	15	<15	<15
胴体品质	屠宰率(%)	>70	>70	>70	>70
	后腿比例(%)	>32	>32	>32	>32
	胴体背膘厚(毫米)	<18	<18	<18	<18
	胴体瘦肉率(%)	约65%	>65	>66	>62

注:不同育种公司中猪的不同品系之间性能指标会有差异,以上主要点仅供参考,生产中可以此为基础加以补充完善。

3.2.2 不同来源种猪主要性状特点比较

见表3-2。

表3-2　不同来源种猪主要性状特点比较

	性能指标	法系	丹系	加系	新美系
种猪性状	窝活产仔数（头）	12.5~15.0	14.0~17.0	12.0~12.5	10.5~11.5
	饲养（饲料）要求	较高	高	适中	耐粗
	种猪肢蹄	较好	较弱	较好	健壮
后代性状	料重比	较好	较高	较好	一般
	瘦肉率（%）	较高	较高	适中	稍低
	体重100千克日龄	较快	较快	适中	一般
	100千克背膘厚（毫米）	适中	较薄	适中	较厚
	后代抗病力	较好	一般	强	强
	后代体型	高长为主	偏长	体型适中	体型大

注：由于不同品系种猪选育重点不一，因此生产性能各有优劣。

（1）欧系（法系、丹系）种猪　欧系种猪着重于繁殖性能的选育，并兼顾良好的生长速度与瘦肉率，但对饲养要求相对较高，且肢蹄较弱。法系种猪繁殖性能好（保留了太湖猪血统，发情明显、哺乳性能较好、产仔率较高），胎次稳定性好，抗逆性强，生长速度快，营养要求适中，体型大等，但是肢蹄较弱（较丹系有较大优势），故淘汰率相对较高，使用年限较短。丹系种猪以繁殖性能强著称，遗传相对更稳定，群体一致性好；但由于在育种过程中存在长期闭锁繁育，因此近亲系数高导致遗传缺陷，造成肢蹄缺陷更明显。另外，高繁殖性能势必对饲养要求更高，也更容易出现二胎综合征等。某育种公司丹系种猪父系和母系主要选种指标分别见图3-2和图3-3。

（2）北美系（加系、美系）种猪　北美系种猪的选育更关注于体型与抗逆性（肢蹄、适应性、耐粗性），体现出更强的适应性。在繁殖性能方面，北美系种猪与欧系种猪相比有明显劣势。加系种猪的各生产性能指标相对更均衡，无明显缺陷；育种目标更追求个性化，更符合市场与客户特定需求；种猪性能本质与美系无明显差异（种猪遗传基因水平相似），但生产性能更优于美系种猪，如产仔性能更高（每胎可多产1~1.5头）、生长速度更快、母猪利用年限更长（8胎依然还能保持较好性能）。美系种猪的特点主要表现为拥有卓越的适应性与耐粗性，对中国环境适应性好、肢蹄健壮、体型较好、高大美观，更符合中国审美观；但是产仔性能一般，泌乳性能较差，后备种猪利用率低，初产母猪难产率偏高，以及料重比不理想、背膘较厚、瘦肉率较低等。

不过，近年来随着育种技术的进步，各品系的综合性能也在不断提升，特别是针对自身的缺点，育种过程中也在不断完善，如新美系、加系种猪繁殖性能、生长速度等均取得较好进展，法系、丹系种猪肢蹄缺陷问题也在逐渐改善。

表现型＝基因型（种猪品系）＋环境（栏舍＋管理＋营养）

那么对于猪场来说，养什么品系母猪更适宜呢？猪群的生产性能取决于种猪品系及猪场饲养环境，由于栏舍环境、饲料营养及饲养管理手段不同，猪场存在较大差异，因此只有选择适合自己养殖条件的品系才是最好的，切忌盲目引种！

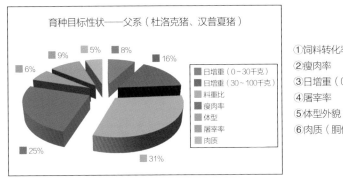

①饲料转化率
②瘦肉率
③日增重（0～30千克、30～100千克）
④屠宰率
⑤体型外貌（四肢、睾丸、背部线性结构等）
⑥肉质（胴体品质）

图3-2　某育种公司丹系种猪主要选种指标——父系

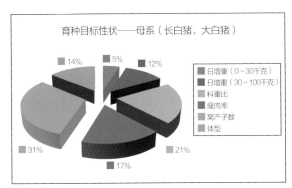

①繁殖性状：窝产总（活）仔数、泌乳性能
②料重比
③瘦肉率
④体型外貌（四肢、乳头与阴户、背部线性结构等）
⑤日增重（0～30千克、30～100千克）

图3-3　某育种公司丹系种猪主要选种指标——母系

3.2.3　国内种猪选种中存在的问题

（1）种猪市场鱼龙混杂

①许多小规模的种猪场往往证件不齐，育种水平低下，种猪品质得不到保证。

②品系繁杂，缺乏科学的评判手段，以次充好现象常见。

③选种水平及种猪性能测定水平参差不齐。

④种猪健康状况无法保证。

（2）引种问题多源　引种多源性问题较普遍，给猪场饲养管理及疾病防疫带来极大风险。

①健康问题　不同种猪场管理水平不一，种猪健康水平也参差不齐。

②防疫问题　不同种猪场来源的种猪，携带的病原微生物不同。

③管理问题　不同品系来源的种猪，繁殖性能等各不统一，饲养要求各异。

（3）品系繁育问题突出

①国内原种猪过度依赖进口，受制于国外（美系、加系、丹系、法系等为我国种猪的主要来源品系）。

②品系多样化　国内重引进轻培育，没有形成自己的配套系，育种徘徊在"引种-退化-再引种"的怪圈中。

（4）种猪选择标准模糊

①评估手段不健全　种猪性能测定数据不完善或存在虚假成分，选种时盲目跟风。

②市场导向为主　猪只在销售时往往更多关注猪的体型，对养殖户选种具有直接的导向作用。

③对不同品系猪的综合养殖经济价值认识不足　这点已经有所改变。随着养殖外部环境的变化，人们在种猪选择时逐渐开始关注并重视猪的综合性能，而不是一味追求某单一性能（体型），因为只有饲养生产能力强的猪，才能给猪场带来更高的经济效益。

而市场需求的导向则让种猪的育种方向随之发生变化，在育种的过程中能更好地兼顾养殖户（对高繁殖性能、低饲养成本的需求）、屠宰商（对胴体质量好、瘦肉率高的需求）及消费者（对肉品质好的需求）。

3.2.4　种猪引种注意事项

（1）客户引种可要求育种公司提供的资料　见表3-3。

表3-3　引种时需要的资料要求及作用

项目	要求	作用
种猪档案（系谱）卡	一猪一卡	可追溯种猪的来源及各种信息（出生日期、父母代、祖代），防止近亲繁殖
种猪经营许可证	种猪公司提供	得到相关部门承认的育种公司
售后服务政策	双方签订协议	解决种猪购回后出现的各种问题，保障供需双方的共同利益
种猪质量检测卡	一猪一卡	包含种猪从出生到现在的信息（初生重、断奶个体重、70日龄料重比、疫苗情况等）
种猪性能测定数据	测定数据科学	了解种猪品种特征、繁殖性能、生长性能、胴体品质等完整信息
引种须知	对客户引种的一些注意事项告知	保证客户引种顺利进行
正式发票	种猪公司提供	供备案、报销

（2）可要求种猪公司提供的售后服务政策

①自购买种猪之日起一年内（或协商时间），种猪公司向猪场提供相应的主治保健、疾病会诊、栏舍规划、猪场管理与技术培训等技术服务。

②种猪公司需为猪场提供在饲养过程中出现的疾病与管理问题。

③育种公司需保证种猪成功率是：公猪100%，母猪90%。如达不到标准，经现场鉴定，确属种猪原因，予以补偿或调换。例如，种猪提货后1周内出现死亡的；公猪10月龄前发现无性欲、无精子、死精、软鞭、短鞭等；母猪10月龄前发现脐疝、花斑肾、有场内缝肛史、有遗传缺陷等。

3.2.5 引种前准备事项

（1）必须彻底空栏冲洗并消毒1周以上（包括新栏），并撒上生石灰形成隔离带；对封锁的栏舍（包括饲养员）不能串栏和与其他畜禽接触，谢绝参观，做好接猪前的一切准备。

（2）猪舍要求水电畅通，通风向阳，能防寒保暖或防暑降温。

（3）备料要新鲜、适口性好，保证营养均衡。

（4）备好种猪途中和回场的消毒药、保健药、防疫用药、饮水用药及外用消炎药等。长途运输时押运员还要带好氯丙嗪和ATP等药物，必要时注射以减少应激反应。

（5）安装好药物保健水桶，并准备好相关保健药物。

3.2.6 种猪运输注意事项

（1）最好选用车况较好的运猪专用车，以便于大小分群，公母分开，避免挤压；同时，要避开高温、雨季、寒冷等恶劣天气，要有防寒防晒油布，并注意通风饮水（短途清料代替）。

（2）装车前做好药物保健，根据种猪大小注射长效抗菌药物。

（3）核实好种猪档案和检疫检验证明。

（4）为了安全，最好走高速路，尽量减少猪只途中的停留时间。运输时，不可与畜产品车同行，严禁急刹车，应保持平稳行使，减少应激。押运人员途中要注意观察猪群情况，发现嘶吼、卡压、应激等情况要及时处理。

（5）种猪回场要先对种猪和车辆进行严格消毒后才能组织人员卸猪，每个接猪人都必须穿防疫服，洗手消毒后方能接猪。卸猪人员用力要轻缓，防止损坏种猪肢体。

3.2.7 后备种猪饲养的正确程序

（1）后备母猪隔离、驯化与发情配种要求清单　见表3-4。

表3-4　后备母猪隔离、驯化与发情配种要求清单

阶段	项目	要求
隔离 (2~3周)	密度	到达时最少需1.5米²，配种时需要2.0米²
	温度	饲喂在水泥地面时的最低临界温度是14℃，最适温度为18℃
	通风	在集约化条件下所需的通风量每小时最低为16米³，最高为100米³
	饮水	新鲜清洁的饮水，鸭嘴式饮水器应保证每分钟的最低流量为1.5升，每只饮水器最多只能供应8头猪
	光照	250~300勒克斯，光照时间为每天16小时，不足部分可通过人工光照获得
驯化 (6~8周)	1~2周	粪便接触并选择健康老母猪混养（老母猪与后备母猪比例为1∶10），开始注射疫苗
	3~6周	本场育肥猪2~3周混养
		做好种猪呼吸道疾病、弓形虫病、附红细胞体病等的保健
		驯化后配种前做一次后备母猪的血液检查，不合格的后备母猪可选择淘汰
发情鉴定 与配种	查情	165日龄开始，用不同的公猪诱情。每天2次，每次15分钟，按压刺激母猪敏感部位
	记录	做好发情记录鉴定表、记录发情母猪的前3次发情时间，可分批次分情期饲养
	配种	在220~230日龄，体重大于130千克，第3次发情开始配种

（2）后备种猪隔离驯化过程中免疫水平变化　见图3-4。

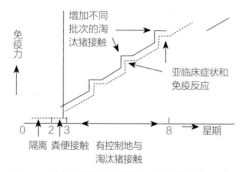

图3-4　后备种猪隔离驯化免疫水平变化示意图

3.2.8　后备种猪引种流程

见图3-5。

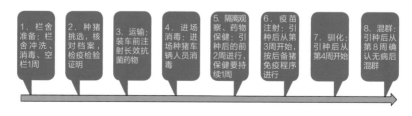

图3-5　后备种猪引种流程

3.3　料——猪的营养概述

　　饲料成本占养猪生产总成本的75%以上，要降低猪群料重比（FCR），提高猪场盈利水平，就必须全面深入地了解猪的营养。

3.3.1　什么是动物营养学?

　　动物营养是指动物摄取、消化、吸收、利用饲料中营养物质的全过程，是动物一切生命活动（生存、生长、繁殖、免疫等）的基础，整个生命过程都离不开营养。

　　动物营养学研究内容深而广，研究目标远而难，任务十分艰巨。完成这一任务，不但需要长期不懈的努力，更需要多学科理论和技术的融合。动物营养学至少与30多门自然科学特别是与生命科学有关的学科，以及经济、政治、环境等社会学科有联系。掌握或了解这些学科的基本知识有助于全面深入理解动物营养学的内涵，推动动物营养学的发展。与动物营养学关系十分密切的学科见图3-6。

图3-6　与动物营养学关系密切的学科

3.3.2　传统意义上的营养学认识

　　猪的营养中最重要的营养成分包括：水分、能量、蛋白质（氨基酸）、矿物质和维生素。

　　（1）水分　水分是最基本也是最重要的营养物质，但却是最常见、最便宜而最容易被人所忽视。水是猪体中比例最大的组成部分。猪一旦缺水，马上会降低采食量，从而影响生长性能。关于猪每个阶段的饮水需求及水质要求在本书的猪场一级管理清单中均有列出，可查阅。

（2）能量　能量是由日粮中的营养素碳水化合物（淀粉等）和脂类（油脂等）新陈代谢时释放出来的。能量是生命的源动力，是研究领域永恒的话题。饲料能量含量是衡量饲料营养价值的一个重要方面。能量是所有营养素的基础，其他营养素的代谢离不开能量的支持。能量在营养代谢与动物生产需求中的作用见图3-7，饲料营养成分的能量含量见表3-5。

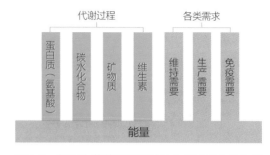

图3-7　能量在营养代谢与动物生产需求中的作用

表3-5　饲料营养成分的能量含量

每克饲料中的营养成分	蛋白质	碳水化合物	脂肪
能量含量（千焦）	23.4	17.6	39.3

1）能量需要体系的发展历程

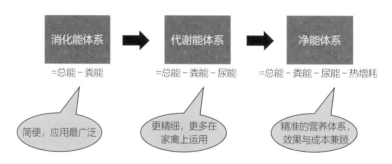

图3-8　能量需要体系的发展历程

①需要庞大的数据库。

②集团化原料采购的稳定品质。

2）猪饲料中常用原料的能量水平比较　见表3-6。

表3-6　不同原料能量水平比较

常用饲料原料	消化能（千卡*/千克）	代谢能（千卡/千克）	净能（千卡/千克）
玉米	1.5×10^4	1.4×10^4	9.5×10^3
小麦	1.4×10^4	1.3×10^4	1.0×10^3

＊卡为非法定计量单位。1卡≈1.484焦耳。

（续）

常用饲料原料	消化能（千卡/千克）	代谢能（千卡/千克）	净能（千卡/千克）
大麦（裸）	3 240	3 030	2 430
大麦（皮）	3 020	2 830	2 250
高粱	3 150	2 970	2 470
米糠	3 175	3 065	1 845
麦麸	2 370	2 155	1 580
大豆粕	3 530	3 255	1 805
花生粕	3 245	3 005	1 865
猪油	8 285	7 950	5 100
牛油	8 290	7 955	4 925
豆油	8 750	8 400	5 300

（3）蛋白质（氨基酸）　蛋白质含量一般指日粮中的氮含量×6.25（每100克蛋白质中平均含氮16克）。通常在饲料标签上标注的就是这个含量，标示为"粗蛋白质"含量。所谓"粗"是因为饲料中不仅含有氨基酸态氮，还含有非氨基酸态氮。

蛋白质是大分子化合物，不能完整地被动物肠道黏膜吸收，必须在消化酶的作用下水解成氨基酸或小肽。而不同蛋白质源的蛋白质被消化酶水解的效率不同，甚至部分蛋白质不能被消化水解。

人们早就用日粮粗蛋白质含量来间接反映猪对氨基酸的需要量。而事实上猪需要的不是蛋白质，而是用于肌肉和机体其他蛋白质合成的氨基酸。

蛋白质主要由20种氨基酸组成，其中10种是猪的必需氨基酸，分别是赖氨酸、苏氨酸、色氨酸、蛋氨酸、异亮氨酸、缬氨酸、亮氨酸、精氨酸、组氨酸和苯丙氨酸。

猪理想蛋白质中的必需氨基酸和非必需氨基酸比例应达到最佳平衡。尽管学者们已经为机体维持、新组织生长、产奶及组织代谢确定了理想氨基酸模式，但没有一个氨基酸模式适用于所有情况。

对蛋白质原料（如豆粕、鱼粉等）质量优劣的评估应首先立足于这些氨基酸的含量及其利用能力，特别是赖氨酸的含量。

（4）矿物质　矿物质元素在猪日粮中的比例尽管很低，但对猪的健康作用极为重要。矿物质元素可被分为常量元素和微量元素两类：

①常量元素　如钙、磷、钠、氯、镁、钾等。

②微量元素　如锌、铜、铁、锰、碘、硒等。

矿物质元素特别是微量元素的生物学利用价值非常重要，不同来源形式的矿物质生物学价值相差很大。

（5）维生素　维生素是一系列为维持机体正常代谢活动所需的营养成分，是保证机体组织正常生长发育和维持健康所必须的营养元素，其对母猪的重要作用见表3-7。

表3-7 维生素对母猪的重要作用

项目	维生素D₃	ß-胡萝卜素	维生素E	维生素C	叶酸	生物素
提高受胎率	√		√			√
缩短断奶至发情时间			√			
减少不孕		√			√	√
提高排卵率						
提高受精率	√		√	√		
减少胚胎死亡		√				
减少胎儿死亡	√		√			
减少断奶前死亡，增加母猪断奶产仔数	√		√	√	√	
强壮肢蹄	√					√

猪日粮中的维生素可分为脂溶性维生素和水溶性维生素两种。

①脂溶性维生素 如维生素A、维生素D、维生素E、维生素K。

②水溶性维生素 如硫胺素、核黄素、烟酸、胆碱、泛酸、生物素、维生素B₆、维生素B₁₂等。

维生素的储存、加工及与微量元素的接触均能降低预混料和全价料中的维生素活性。一般情况下，大多数维生素预混料的储存时间不应超过3个月。

维生素是具有活性的物质，饲料加工调制的工艺会影响其活性，饲料贮存过程中的高温、高湿和霉菌毒素等因素也会影响其活性，因此要保证饲料中维生素的品质需要从以上几个方面把关。

3.3.3 营养的四级结构

四川农业大学陈代文教授及其团队创新性地提出了营养的四级结构，深入浅出地对营养的全部内涵，即营养素、营养源、营养水平和营养组合作了全面的科学阐述。

在此，笔者仅希望能让更多的猪场管理人员从点、线、面全方位地了解营养的内涵。

（1）四级结构的一些概念及定义

营养素：饲粮中维持动物生命、生长、繁殖的营养成分，如能量、蛋白质、氨基酸、矿物质、维生素、水等

营养源：能够提供各种营养成分的物质总称，如提供蛋白质的酪蛋白、大豆蛋白、玉米蛋白、鱼粉蛋白等

促营养素：饲粮中能够促进营养成分吸收利用的一些添加物，如酶制剂，酸化剂等

（2）分别阐述四级结构

①营养的一级结构　是指饲粮营养素及其相互关系（传统营养的理解）。

②营养的二级结构　是指提供营养素的营养源（能够提供各种营养成分的物质总称）及其相互关系。

③营养的三级结构　是指营养素与营养源的相互关系

例如，以脂肪作为能源时，微量元素有机源比无机源可能更好；但以碳水化合物为能源时，有机源和无机源的差异可能更小。

④营养的四级结构　是指营养素、营养源与促营养素的相互关系

例如，作为能量源的小麦与酶制剂同时添加时，小麦的有效能值就可提高。

营养的四级结构见图3-9。

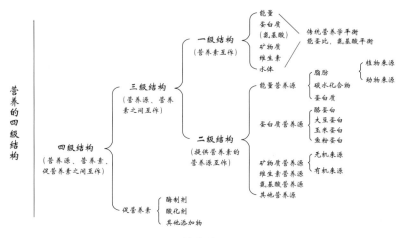

图3-9 营养的四级结构

科学地配制营养配方并不是按照某一个营养水平标准来选择原料配制那样简单。相同营养素和营养水平的不同配方，其饲用效果差异很大，其中重要的原因就是目前的营养指南及饲料工业大多只关注营养素及其水平，也就是说仍停留在一级结构层次，对二级以上结构知之甚少，研究也十分薄弱。陈代文教授提出的四级"营养结构"概念，在理论上有助于我们进一步认识代谢的复杂性，深入了解营养的本质和营养需要的含义；在实践上有助于改变配方思路，更好地优化营养结构，提高饲料利用效率，促进动物遗传潜力的充分发挥。

3.3.4 全面认识营养

猪的生长取决于每天的营养摄入量，而营养摄入量是每天的营养浓度与采食量相乘的总量决定的（图3-10）。

（1）猪的营养模式中两个关键点：好不好和够不够 饲料产品好不好，并不是狭义地指营养素的高低多少，它与产品定位、原料选择、配方设计、生产工艺等各因素有关，任何一个板块都会影响到产品质量的好坏（图3-11）。

组成产品好不好的每个板块又会由不同的因素影响。比如，生产工艺这个板块，它的影响因素包括原料储存、粉碎粒度、混合均匀度、调制温度时间等，任何一个环节出现短板都会影响到饲料产品质量。正如水桶定律表述的那样，一只水桶能装盛多少水，并不取决于最长的那块木板，而是取决于最短的那块木板。

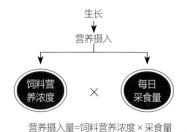

营养摄入量=饲料营养浓度×采食量

图3-10 猪生长需要关键控制点

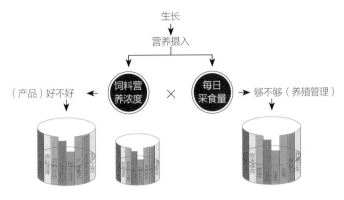

图3-11　猪的营养模式关键点

营养模式中另一个关键点采食量够不够就与猪场的管理密切相关了，它的影响因素有饮水供应量、饲料的饲喂方式、养殖密度、舍内温度、湿度、光照，以及猪群的健康状况等。

（2）猪的营养两个关键技术标识：采食量和料重比　猪营养素水平的设定都是以预计采食量为基础来进行的。每个饲料厂不同定位的饲料产品有着自己的采食量及料重比的标准。猪场场长在选择饲料的时候除了要关心饲料的营养浓度外，还应该了解该系列饲料的采食量及料重比的标准，两者缺一不可。

当然，同一种饲料在不同的猪场表现出来的采食量、猪只日增重、料重比也是不同的，因为每个猪场的管理水平各有不同。场长应该尽可能地将影响猪采食量的每个环节管理到位，使猪群采食量达到标准，发挥饲料的应有效率——综合表现就是料重比达标。

3.3.5　场长应该如何关注营养?

猪营养的根本目的就是通过选用合理的原料，科学配制饲料产品，以期最高效地发挥猪的生长潜力，为人们提供健康、安全的猪肉产品。

猪的营养是一个全方位组合起来的系统工程。作为猪营养的载体——饲料产品要想完美地发挥效能，需要由营养学家制订出优质配方，经饲料厂精良加工，除此还要被猪场科学地使用才能得以实现。

因此，对场长而言，正确地关注猪营养的核心内容归纳起来就是让猪吃什么料、吃多少料和怎么吃料的问题。

在选择吃什么料的时候，首先应该对饲料好不好的"水桶"中每个板块进行考量：饲料生产厂家有没有做好饲料的社会责任感，以及有没有一个技术研发团队和全程质量保证队伍做好饲料的能力，然后就自己猪场的猪品种、管理状况、猪群生产力水平等现状及期望达到的水平等，确定适宜本场猪营养水平的系列饲料产品，并充分了解饲料的营养浓度和理论上应达到的采食量、日增重、料重比等全面技术指标。

确定好了吃什么料后，猪群真正吃了多少料是每天的生产管理中都应予以关注的。保障每日采食量够不够的这个"水桶"的每个板块达标，使猪群的实际采食量水平达到推荐的标准，发挥饲料效能及猪群的生长潜能。

让猪怎么吃料也是一个技术含量很高的事情，应该认真对待。本书在后面的猪场一级管理清单中对各阶段猪的饲喂方案给出了具体建议，可以参考实施。

通过科学地使用饲料这一环节，真正实现将猪的营养转变为猪产品；通过评估最后花了多长时间、长了多少斤肉、猪肉品质如何、饲料转化效率如何，既可以真正评价一种饲料的营养水平、猪群健康情况及猪场的整体管理水平，也是实现降低猪场料重比（FCR）这个猪场的量化目标的关键环节。

3.4　舍——猪场栏舍建设

猪场的栏舍建设是养猪生产的第一步，它关系养猪的方方面面，科学合理的猪场栏舍建设能够有效降低料重比，提高猪群成活率，减少人工成本投入，是影响猪场盈利的关键因素之一。猪场栏舍建设是一个跨学科综合性的工艺，它涉及机械、电子、自动化控制、建设材料和畜牧兽医等多个学科。本章节仅从畜牧兽医的角度出发，从栏舍配套设计、栏舍喂料系统、栏舍环境控制体系、猪场粪污处理系统几个方面的要求进行阐述。

3.4.1　栏舍配套设计

（1）猪场栏舍设计的原则

①确保猪场均衡生产，使栏舍得到最大化利用。

②便于猪场疾病防控，减少疾病的传播。

真正优秀的栏舍设计是低碳、环保、性价比高的，不是一味追求高价的顶级栏舍设计及建筑材料等。目前国内比较前沿的栏舍设计是采用联栋或模块式的密闭式猪舍，栏舍既集中又相互独立，具有节约土地、管理方便、建筑成本低、生物安全易控制等优点（图3-12）。

图3-12　猪场栏舍结构与布局

（2）确定生产规模及经营方向

①规模　母猪头数、年出栏猪数。

②经营方向　商品猪场、种猪场、种苗场、公猪站等。

（3）栏舍饲养密度　见表3-8。

表3-8　猪场不同猪种类栏舍饲养密度

种类	重量(千克)	饲养密度(米²/头)	
		漏缝	非漏缝
公猪		7.5	9
成年母猪		1.39	1.67
后备母猪	50 ~ 130	1.5	2.0
保育猪	8 ~ 30	0.4	0.6
育肥猪	30 ~ 120	0.9	1.2

（4）根据生产指标参数计算栏舍面积　见表3-9。

表3-9　猪场生产指标参数

项目	参数
后备母猪利用率（%）	90
母猪淘汰更新率（商品猪场，%）	35
配种分娩率（%）	90
母猪年非生产天数（天）	≤45
窝均活仔猪数（头）	11
产房成活率（%）	95
保育成活率（%）	96
保育饲养日龄（天）	45
育肥饲养日龄（天）	120

（5）栏舍配套设计计算　见表3-10。

表3-10　猪场栏舍配套设计计算

项目	公式	N头母猪7天所要面积（单元作业面积）	备注
产床建筑面积	$2.3 \times N/365 \times (25+7+7)$ =X个	$2.3 \times N/365 \times 7$	N：母猪头数 2.3：母猪年产胎次 25：哺乳天数 7：提前7天上产床 7：7天清洗消毒
定位栏建筑面积	$2.3 \times N/365/0.9 \times 85$=X个	重胎栏与定位栏可适当进行调整	0.9：配种分娩率 85：母猪在定位栏天数
重胎栏建筑面积	$2.3 \times N/365/0.9 \times (114-85-7)$=X个		7：母猪提前7天上产房

（续）

项目	公式	N头母猪7天所要面积 （单元作业面积）	备注
保育栏 建筑面积	2.3 × N/365 × 11 × 0.95 × （45+7） × 0.4=X米²	2.3 × N/365 × 11 × 0.95 × 7 × 0.4	N：母猪头数 11：窝平均产活仔数 0.95：产房仔猪成活率 45：饲养45天 7：7天清洗消毒 0.4：每头猪的饲养密度为0.4米²
育肥栏 建筑面积	2.3 × N/365 × 11 × 0.95 × 0.98 × （120+7） × 0.9=X米²	2.3 × N/365 × 11 × 0.95 × 0.98 × 7 × 0.9	N：母猪头数 11：窝平均产活仔数 0.95：产房仔猪成活率 0.98：保育仔猪成活率 120：饲养120天 7：7天清洗消毒 0.9：每头猪的饲养密度为0.9米²
后备舍 建筑面积	N × 0.35/0.8/12 × 4 × 2.0=X米²		N：母猪头数 0.35：母猪年更新率 0.9：后备母猪利用率90% 12：一年12个月 4：选留到配种4个月 2.0：每头猪的饲养密度为2.0米²/头
公猪栏 建筑面积	N/50 × 9=X米²		50：公母猪比例1：50 9：每头猪的饲养密度为9米²

注：以上公式都是在均衡生产的情况下才能维持，在不均衡生产的情况下面积要比这个数值大，因影响均衡
　　生产的情况有生产计划（配种情况）和单元栏舍大小，按肥猪190天出栏计。

（6）栏舍计算示例　见表3-11。

表3-11　1000头母猪规模猪场配套栏舍实例

项目	公式
一年总产胎次（胎）	1 000 × 2.3=2 300
产床数量（个）	1 000 × 2.3/365 × （25+7+7） ≈246
定位栏数量（个）	1 000 × 2.3/365/0.9 × 85 ≈596
重胎栏数量（个）	1 000 × 2.3/365/0.9 × （114−85−7）=154
保育栏面积（米²）	1 000 × 2.3/365 × 12 × 0.94 × （45+7） × 0.4=1 478.5
育肥栏面积（米²）	1 000 × 2.3/365 × 12 × 0.94 × 0.98 × （120+7） × 0.9=7 961.9
后备栏面积（米²）	1 000 × 0.35/0.9/12 × 2.0 × 4=260
公猪栏面积（米²）	1 000/50 × 9=180

注：定位栏可以设计一定比例的小定位栏，饲养一胎或二胎母猪，这样可以减少一定的建筑面积，降低固
　　定资产投入。

3.4.2 栏舍喂料系统

（1）喂料模式　见表3-12。

表3-12　猪场不同喂料模式分析

类别	模式	优缺点
人工喂料	人工	便于个性喂料，但人工成本高，不利于集约化管理
料塔自动喂料系统	全自动	降低劳动强度和人工成本，便于集约化管理，但前期投入成本较高
液态饲喂系统	全自动	降低劳动强度和人工成本，便于集约化管理；可以利用发酵饲料，利用食品加工副产品及替代原料，降低猪场饲料投入，降低料重比，但前期投入成本较高

随着猪场规模化程度越来越高，传统的人工喂料模式越来越不能满足规模化生产的需要，而自动喂料模式必将成为一种趋势。猪场不同栏舍自动喂料系统见图3-13。

配种限位栏　　　　　　　　　　　　　　　重胎活动栏

保育栏　　　　　　　　　　　　　　　　　育肥舍

图3-13　猪场不同栏舍自动喂料系统

（2）自动喂料模式的优势

①可以对猪群同时喂料，减少猪只应激。

②减少劳动量，降低成本。

③便于集约化管理。

④减少饲料浪费。

3.4.3 栏舍环境控制体系

栏舍环境控制包括温湿度控制、通风、采光、有害气体的排出四个方面。

（1）栏舍环境控制设备 猪场环境控制设备的工作方式见图3-14，不同环境控制装置见图3-15。

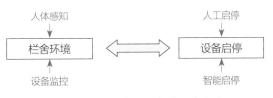

图3-14 环境控制设备的工作方式

舍内温度调控系统

水帘风机

自动换气系统

氨气排出装置

风机通风

水帘降温

图3-15 猪场不同环境控制装置

（2）温度控制系统

①降温的两大要素 包括通风（也是空气质量保证）和室内温度（室内温度控制见表3-13）。

表3-13 猪舍室内温度控制

猪舍	舒适温度范围（℃）	高临界温度（℃）	低临界温度（℃）
配种怀孕舍	15～20	27	10
分娩舍	18～22	27	10
保育舍	20～25	30	16
隔离舍	15～23	27	13
公猪舍	15～20	25	13

②保温的两大要素 包括通风（也是空气质量保证）和室内温度。不同地区各类猪舍供热指标见表3-14，不同地区供暖模式工艺设计见表3-15，产房和保育舍的局部保温方式见图3-16。

表3-14 不同地区各类猪舍每平方米每小时供热指标（瓦）

猪舍	严寒地区（东北地区）	寒冷地区（华北地区）	寒冷地区（西北地区）	夏热冬冷地区（华中、华东、西南地区）	夏热冬暖地区（华南地区）
配种怀孕舍	30	12	8	0	0
分娩舍	43	38	35	31	11
保育舍	113	87	84	68	46
隔离舍	57	40	37	27	9
后备舍	84	47	43	24	0
公猪站	25	26	21	0	0

表3-15 不同地区供暖模式工艺设计

地区	供暖模式	燃料	供暖工艺
华南、华中地区	集中供气+辐射型空间加热器	石油液化气或天然气	场内配置液化气站或天然气站整场集中供气，靠管道将燃气输送到各个舍内，舍内通过燃烧器燃烧加热，由辐射片对猪舍进行加热升温
西北、华北及东北地区	集中供气+辐射型空间加热器	石油液化气或天然气	
	集中供热锅炉+空间水暖辐射/地水暖辐射	生物质或煤	水暖锅炉集中供热（生物质），锅炉烧热水，靠管道将热水输送到各栋舍内，舍内通过翅片管对流散热或水地暖辐射散热，对舍进行加热升温，分娩舍增加地暖板散热系统

注：集中供暖模式可以更有效提高燃料的利用率，便于集中管理。

保温灯

体温箱

电热板

暖风机

图3-16 产房和保育舍的局部保温方式

（3）通风

1）通风模式 简单起来通风模式有两种：水平通风模式（图3-17）和垂直通风模式（图3-18）。现在国内猪场有一种趋势，就是更倾向于采用垂直通风模式，它相对于水平通风模式有几个好处：①通风均衡，猪舍每个区域都有新鲜空气，避免了有害气体向一侧堆积的现象出现；②直吹向地板，有利于地面干燥（生产中笔者也看到了一些垂直通风猪舍，确实印证了这一点）。

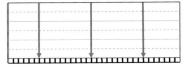

配种怀孕舍夏季横向通风　　　　隔离舍、公猪舍、后备舍夏季纵向通风

图3-17 水平通风模式

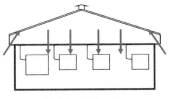
猪舍冬季垂直通风
（屋檐口进风，新鲜空气经天花进入舍内，污气由风机抽走）

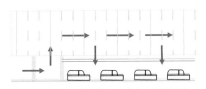
新鲜空气由天花小窗进入猪舍

图3-18 垂直通风模式

2）栏舍通风量及风扇数量的计算　分别见表3-16和表3-17。

表3-16　不同猪只风速及通风量标准

猪只类型	每头猪重量（千克）	每种风速标准（米）	冬季通风[米³/（小时·头）]	春秋通风[米³/（小时·头）]	夏季最小通风量[米³/（小时·头）]	水帘每秒风速（米）
怀孕母猪		1.5~1.8	20	68	8.12	1.8
分娩母猪		1.5	34	136	30~35	1.8
公猪		1.5~1.8	24	85	30~35	1.8
保育猪	8~15	1.2~1.6	3	25	4.30	1.8
	15~30		8	34		
育肥猪	30~65	<1.0	12	42	2.17	1.8
	65~100		17	51		

表3-17　不同规格风扇基本参数

参数 风扇规格	夏季通风			冬季通风		
	每小时设计的风量（米³）	负压（帕）	进口每秒风速（米）	每小时设计的风量（米³）	负压（帕）	进口每秒风速（米）
24寸（750毫米×750毫米）	8 000	2.5	2	9 000	12	4
36寸（1 100毫米×1 100毫米）	12 000	2.5	2	15 000	12	4
48寸（1 400毫米×1 400毫米）	30 000	2.5	2	30 000	12	4
55寸（1 550毫米×1 550毫米）	36 000	2.5	2	48 000	12	4

3）通风量的计算示例　（计算进风口、水帘、风机）。

公式：进风口面积=风量（米³/小时）/3 600/速度（米/秒）=面积（米²）

夏季通风量=猪群种类的夏季最小通风量×猪只数量

水帘面积=风量/风速（风量要以实际配置的风扇为准）

冬季通风量=猪群种类的冬季最小通风量×猪只数量

➤ 400头保育舍夏季通风量计算=4.3米³/分钟×400=1 720（米³/分钟）

➤ 风机数量计算：可选用2台55寸风机+2台36寸风机+1台24寸风机=2×600+2×200+1×133=1 733（米³/分钟）

➤ 400头保育舍水帘面积计算=1 733米³/分钟÷60秒÷1.8米/秒=16（米²）

➤ 400头保育舍冬季通风量计算=3米³/小时×400=1 200（米³/小时）

➤ 风机运行频率计算：24寸风机标准风量8 000米³/小时，设定为=1 200/8 000×60=9，每5分钟运行一次时间=9/12×60=45（秒）

注：数据参考猪只风速及通风量标准表及风扇基本参数表。

4）光照　光照模式有3种：全自然采光、自然采光+人工照明、人工照明。栏舍设计时应尽量利用自然光，这样可以减少照明用电。顶棚铺设透明玻璃瓦、周围墙壁装玻璃窗户，都可以很好地利用自然光，设计合理的话可以做到白天100%的自然采光。不同光照模式见图3-19，不同栏舍光照参考标准见表3-18。

100%自然采光（白天）猪舍　　　　　　　　顶棚透明玻璃瓦

图3-19　不同光照模式示例

表3-18　不同栏舍光照参考标准

生理阶段	光照时间（小时）	光照强度（勒克斯）
空怀、妊娠母猪	14 ~ 16	250 ~ 300
哺乳母猪	14 ~ 16	250 ~ 300
种公猪	14 ~ 16	200 ~ 250（215）
哺乳仔猪	18 ~ 20	50 ~ 100
保育仔猪	16 ~ 18	110
育肥猪	10 ~ 12	50 ~ 80

3.4.4　猪场粪污处理系统

在现代化猪场建设中，环保工作要首当其冲，既要考虑先进的生产工艺，又要按照环保要求，建立粪污处理设施。目前，已有越来越多的专业化设备企业介入畜禽排污与病死猪处理环节，他们有方案、有技术、有产品。养殖企业需要做的就是，选择其中性价比最高的公司和产品，坚持综合利用优先，实现粪污的减量化、资源化、无害化处理及运营费用的低廉化。

在此，笔者仅对猪场粪污处理系统作一个简单的介绍。

（1）粪污处理方式　见表3-19。

表3-19　舍内、外不同粪污处理方式

类别	舍内			舍外		
方式	干清粪	水泡粪	刮粪	堆肥发酵	三级沉淀	粪污固液分离	沼气池发酵

（2）猪场污水处理模式　总体来说，规模化猪场污水处理模式可分为3种，即厌氧-还田模式，厌氧-自然处理模式和厌氧-好氧处理模式（工业化处理模式）。

（3）不同污水处理模式优缺点　见表3-20。

表3-20　不同污水处理模式优缺点比较

模式	优点	缺点	适用猪场
厌氧-还田模式	污染物零排放，最大限度实现资源化	消纳沼液的土地面积大，有地下水和大气污染问题，适应性不强	出栏2万头以下猪场
厌氧-自然处理模式	运行管理简单，能耗低，可持续运行	占地较多，效果受季节、温度的影响	出栏5万头以下猪场
厌氧-好氧模式（工业化模式）	占地少，适应性广，效果好	投资大，能耗高，运转费用昂贵，管理复杂	出栏5万头以上猪场

规模化猪场污水处理模式，需根据猪场所处地理位置、猪场规模、效益等因素综合考虑，以便采用适宜猪场最合理的处理（组合）方案。

3.5　防——猪场生物安全

随着规模化养猪生产的发展，猪群健康问题面临严重的挑战。养猪场每年因疫病死亡造成的经济损失非常大，养猪生产成本也不断增加，经营无利或亏本，甚至倒闭的情况时有发生。

世界医学界提出："20世纪是治病时代，21世纪将是养生时代。"作为人类健康要素的重要手段——医院诊断治疗，只能解决8%的健康问题，而环境与养生的措施却能解决剩余的92%!

养重于防、防重于治的理念也同样适用于畜禽养殖业! 疾病如此困扰养猪业，过去猪场老板常常是花了80%以上的精力关注疾病本身，而不是系统关注养猪的投入品及养猪环境的生物安全问题。这就导致很多猪场天天在研究猪病，但猪病还是天天发生的怪现象出现。因此，构建养猪业的生物安全体系既是养猪的关键，是预防控制疾病、生产管理、经营管理的基础，同时也是养猪业健康、高效发展的思路与方向。

为了保障猪群的健康，为社会提供安全、健康的放心猪肉，就要保障生猪养殖的所有投入品（饲料、饮水、兽药疫苗、空气等）的安全，并且全程严格执行猪场生物安全体系才能得以实现。

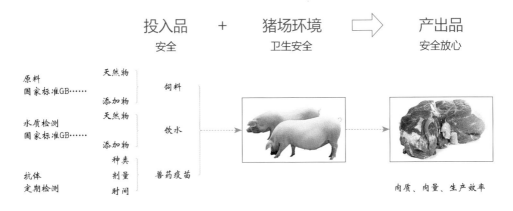

猪场的生物安全是指什么呢？是指预防传染病传入猪场并防止其传播，保护猪群健康，以获得最佳生产性能而采取的一切技术措施。

生物安全体系对猪场来说其实是一个环境问题，涉及养猪的全过程，猪场的大环境、小环境和微环境都是生物安全体系的涉及范围。正因为生物安全体系涉及的范围这么广泛，并且针对的对象又是看不见、摸不着的病原微生物，是最容易麻痹大意的一个环节，因此生物安全的执行程度非常重要。执行到位，既可以有效防止外来病原微生物进入猪场内，也可以有效控制猪场内病原微生物的传播，极大地降低各类疾病发生的概率；而执行不到位，各类场外场内的病原微生物就会在猪场中肆意繁殖、传播，猪群发病的风险也就很高（图3-20）。

疾病的传播有三个必须条件：传染源、传播途径、易感宿主；相应地，阻止疫病传播的生物安全有三个原则：保护猪群、消灭传染源和切断传播途径（图3-21）。三个环节环环相扣，缺一不可，任何片面的方式都达不到理想的效果。

3.5.1　新建猪场生物安全体系建设

对于新建猪场，如果从栏舍设计开始就考虑到生物安全体系的话，那么生物安全执行起来就会简单很多。因为猪场如果能提供舒适、顺畅的配套生物安全设施，并制定合

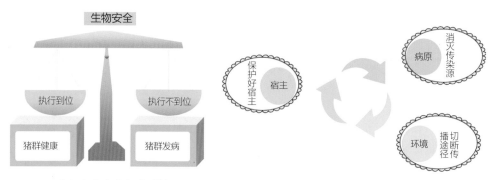

图3-20　猪场生物安全与猪群健康天平　　　　图3-21　阻止疫病传播的生物安全三道关

理的管理流程，员工是很乐意接受和遵守的。

（1）场址选择　与村道相隔1 000米、国道相隔1 500米，与村庄相隔1 500米、江河相隔2 000米，猪场之间相隔3 000米。地下水位充足，地势平坦，适宜当地主风向，最好有山坡、树林、湖泊等天然屏障隔离。另外，猪场所在位置的水质也是一个很重要的指标。水质参数：浑浊度小于等于5度，每升水中硝酸盐浓度小于等于20毫克，每升水中汞浓度小于等于0.001毫克，每毫升水中细菌总数小于等于100个。猪场选址示意图见图3-22。

图3-22　猪场选址示意图

（2）科学的生产工艺流程设计

①猪场分区　猪场最好分四个区，即生活区、生产区、生产辅助区和外来车辆消毒区。有条件的话可以在猪场1 000米以外设置冲洗消毒房或外来车辆和本场车辆对接区域。猪场分区示意图见图3-23。

②猪舍　猪舍应为三点式或二点式猪舍。三点式猪舍分为配怀区和分娩区、保育区、生长育肥区，其间至少相距500米。二点式猪舍，母猪生产在一处，保育与生产育肥在另一处；或母猪生产与保育在一处，生长育肥另分一处。栏舍大小规格要根据生产工艺流程的要求设计全进全出饲养模式。猪场分点式饲养见示意图3-24。

图3-23 猪场分区示意图

图3-24 猪场分点式饲养示意图

③根据规模设计生产线 生产线的设计是对母猪区而言的，母猪区域、保育区域、育肥区域分三点或两点饲养，但是母猪群体分多条生产线生产。一般来说，规模场是1 000头母猪一条生长线，但根据生产工艺流程不同，2 000头母猪一条生长线也可。例如，4周一节律的大批次生产中，2 000头母猪一条生产线也会流转得很顺畅。另外，在母猪区域设计中最好有单独的后备母猪培育生产线。因为后备母猪后代抗病能力差，后备母猪淘汰率高，很多猪场都是由后备母猪混入生产群后发病。不同胎次母猪分区饲养示意图见图3-25。

图3-25 不同胎次母猪分区饲养示意图

④猪场周围建设 猪场周围最好有水系相隔，便于疫病控制；围墙最好用砖砌，高2.5米，离猪舍至少20米。

（3）淋浴消毒设施

①场外进入生活区的淋浴消毒设施 包括淋浴室、更衣室、消毒室等。场外人员进场消毒流程见图3-26。

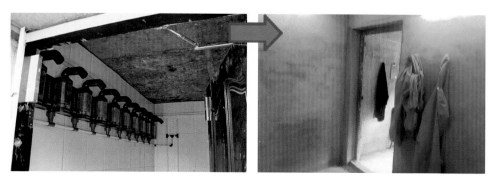

喷雾消毒室   淋浴更衣

图3-26 场外人员进场消毒流程

②进入生产区的淋浴消毒设施 包括淋浴室、更衣室、消毒池。进入生产区消毒流程见图3-27。

淋浴室   更衣室   消毒池

图3-27 进入生产区消毒流程

（4）出猪台设施 出猪台既是猪场外来病原微生物入侵的最重要途径，又是直接与外界接触交叉的敏感区域。建出猪台需考虑的因素有：

①出猪台远离猪舍。

②出猪台的污水是单向流动的，不能回流到猪舍方向。

③划立禁区，场内人员不得随意进入，如进入须沐浴更衣后才能回生产区。

（5）全进全出的栏舍设计 全进全出、批量生产、小单元生产，尽可能做到同日龄范围内的猪只全进全出，能够做到彻底清洗消毒。

（6）粪污处理设施　现在国内猪场主要有三种粪污处理模式，①水泡粪-沼气发酵；②干清粪-沼气发酵；③干清粪-固液分离，而第三种处理模式又分为干清粪-固液分离-干物质-有机肥料和干清粪-固液分离-液体-沼气发酵两种。

相比前两种模式，第三种模式更环保、更经济一些。因为这种模式用水量更少，排污的压力会更小，对污水处理设施的投入更少。毕竟猪场污水处理设施是一项很大的投入，并且很可能出现花费巨大却还很难达到国家排污标准的情况。另外，第二种模式中粪污中的干物质经处理之后可制成有机肥料，回收利用，出售后能产生效益，甚至可以衍生出一些副产业，如绿色有机种植业。粪污固液分离流程见图3-28。

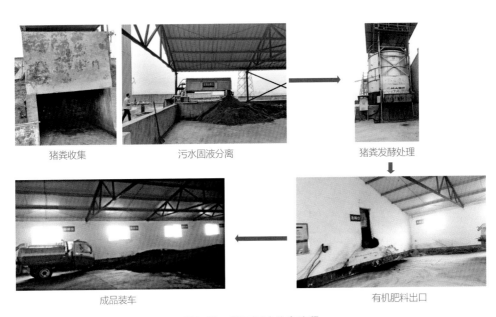

图3-28　粪污固液分离流程

3.5.2　已运营猪场生物安全体系建设

对已经在运行的猪场，主要通过隔离、消毒、防疫、检测四大技术措施来确保猪场生物安全。要建立起净区和污区的概念。净区和污区是相对的概念，不同的区域其含义不同，相对于整个猪场区域，猪场以外是污区，以内是净区；而在猪场内部区域，生活区是污区，生产区是净区；相对于生产区，凡是猪群活动的区域（赶猪道&圈舍）是净区，其他区域是污区。从污区进入净区一定要经过消毒或隔离。已营运猪场生物安全体系建设流程见图3-29。

图3-29 已营运猪场生物安全体系建设流程

（1）隔离环节

①外来种猪隔离 种猪隔离舍分布及内部构造见图3-30。

隔离舍分布 隔离舍内部构造

图3-30 种猪隔离舍分布及内部构造

②场外人员隔离 外来人员进场需经过消毒、淋浴、更衣，在生活区隔离48小时后才能进入生产区（图3-31）。

淋浴 更衣 生活区隔离48小时

图3-31 外来人员隔离流程

(2) 消毒环节

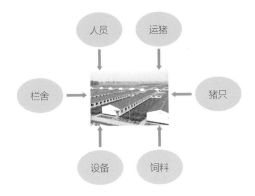

1) 人员消毒

①场外人员进入生活区的消毒　消毒流程见图3-32。

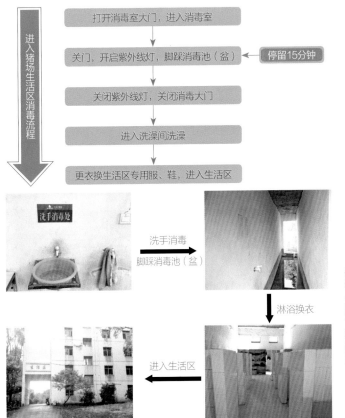

图3-32 外来人员进入生活区流程

②从生活区进入生产区的人员消毒 消毒流程见图3-33。

2）车辆的消毒 主要指饲料运输车和猪群转移车的消毒（图3-34）。

每周更换2次消毒药水、3%的氢氧化钠溶液，消毒液有20厘米深，消毒池长度为汽车轮胎能转动至少2圈。

3）生产区的消毒 指空栏、带猪消毒、栏舍周边及道路消毒。

①空栏消毒 步骤及要求见图3-35和表3-21。

淋浴换工作服

进入消毒通道

脚踩消毒池

图3-33 人员进入生产区消毒流程

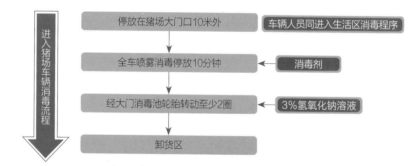

进入猪场车辆消毒流程

停放在猪场大门口10米外 —— 车辆人员同进入生活区消毒程序

↓

全车喷雾消毒停放10分钟 ←—— 消毒剂

↓

经大门消毒池轮胎转动至少2圈 ←—— 3%氢氧化钠溶液

↓

卸货区

车辆消毒通道

猪只转移车辆消毒

图3-34 车辆消毒流程

清空栏内一切物品，清粪板要翻开清洗

进猪前栏舍清洗干净后喷石灰水

图3-35　空栏消毒

表3-21　空栏消毒清单

步骤	要求
断电，所有插座用薄膜包好，移出生产物资	
翻开漏粪板，彻底冲洗漏粪板下的猪粪及排污道中的污物	漏粪板翻开清洗
用水先初步冲洗栏舍，水中加入去油污清洁剂，软化表面	给予半天浸泡、软化
高压水枪彻底清洗猪舍，饮水管道消毒	冲洗漏粪板、地面、墙面
干燥后密闭好门窗熏蒸消毒（每立方米消毒液含30毫升甲醛+15克高锰酸钾+15毫升水），先熏蒸24小时，然后通风72小时。如有些栏舍无法做熏蒸，也可尝试用石灰浆刷白	熏蒸温度保持20℃以上，同时2个人在场
进猪前把设备（保温箱盖、水嘴、料槽、插板等）摆放调试好后空栏3～5天	

②带猪消毒　见图3-36。

③栏舍周边及道路消毒　见图3-37。

④器械消毒　见图3-38。

图3-36　带猪消毒

图3-37　栏舍周边及道路消毒（撒石灰和喷洒消毒药）

接产、医疗器械需要消毒　　　　　　　　　　　煮沸消毒

图3-38　器械消毒

⑤饮水系统消毒　饮水系统是猪再次感染病毒（对应的猪病有繁殖与呼吸综合征、多系统衰弱综合征）及消化道紊乱细菌的重要来源。特别是管道中的水垢能藏纳一种叫结肠小袋纤毛虫的微生物，其可导致仔猪腹部不适和食欲不振。建议对水的处理是原位保持4～6小时后再冲洗，并确保水槽或水嘴的残留物都能被清除。不同类别消毒药见表3-22。

表3-22　不同类别消毒药

消毒类别	消毒药
病毒感染	过氧乙酸、过氧化物类或碘伏或戊二醛
脚踏消毒盆	碘类消毒剂，如果此类消毒剂不能频繁更换，则用过氧乙酸
熏蒸	过氧乙酸（带猪熏蒸）、高锰酸钾+甲醛+水（空栏熏蒸） 注意事项：按说明比例且保证操作人身安全
洗手消毒	季铵盐和肥皂
混凝土表面	酚类，对于非常粗糙、破损的户外物表面，使用油基苯酚
装猪台	过氧乙酸或过氧化物类消毒剂
运输、收集工具	过氧乙酸（腐蚀性小）

4) 消灭野外生物

(3) 防疫环节

防鸟
防猫
防鼠
防蚊

1) 猪场的防疫制度　始终秉着"养重于防，防重于治"的方针，制定严格的猪场防疫制度并监督执行到位。

2) 合理的免疫程序　根据猪场猪群的实际抗体效价，结合本场流行病特点，制定合理的免疫程序。

$$疾病 = 敏感性 \times 剂量 \times 毒力$$

敏感性：猪只机体对病原的抵抗程度（自身抵抗+免疫抵抗）。

剂量：病毒的多少。

毒力：病毒毒力的强弱。

3) 正确的免疫操作

①疫苗的合理保存　疫苗应摆放整齐，及时清理过期疫苗。弱毒冻干苗于-18℃保存，灭活油剂苗于2~8℃冷藏（表3-23）。

表3-23　疫苗储存检查清单

疫苗储存	每日检查两次冰箱温度，是否正常工作	
	检查疫苗的保质期，做好进出仓记录和批号记录，先进先用	
	妥善保存疫苗使用说明，保证标签清晰，以备查询	
	切忌冰箱塞得过满，以免影响空气循环	
	严格按照疫苗说明放置疫苗、稀释剂	
	避免放置疫苗的冰箱放置其他杂物，防止交叉污染	冰箱放置温度计

②提高免疫效果及降低应急措施

★免疫前3～5天加入抗应激和提高免疫的添加剂（或药物），如维生素C、电解多维等。

★佐剂从冷藏室取出后自然回温到室温，并充分摇匀后使用。

★严禁在母猪安静（休息或哺乳）时注射疫苗。

★排净注射疫苗针筒内的空气。

★选择天气凉爽时注射，但紧急情况除外。

★事先做好应对过敏反应的措施（预先准备肾上腺素）。

③肌内注射正确部位和手法　肌内注射正确部位和手法见图3-39，疫苗使用清单见表3-24。

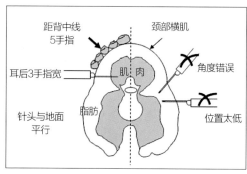

图3-39　肌内注射部位与手法

表3-24　疫苗使用清单

①严格按照疫苗规定稀释、保存、使用	稀释剂、稀释倍数、使用剂量
②保证疫苗注射剂量、注射部位准确	肌内注射部位：耳后5～7.5厘米，靠近耳根的最高点松软皱褶和绷紧的交界处。太靠前增加疼痛，太靠后吸收效果差
③注射器用前严格消毒，一针一用，疫苗针头保证专用，防止疫病的疫源性传播	健康时可一栏一针
④注意针头的选择（长度、规格）	10千克以下：12～18毫米
	10～30千克：18～25毫米
	30～100千克：18～25毫米
	100千克以上：38～44毫米

④疫苗瓶回收　用完的疫苗瓶应统一回收销毁，见图3-40。

4）无害化处理　尸体等无害化处理方案见图3-41。

用堆肥发酵法进行无害化处理的条件有：

①根据猪场规模大小设计相应的单间。

统一回收

焚烧销毁

图3-40 疫苗瓶及废弃物处理

腐尸池（无病原死亡猪只用此池）

焚烧（一般传染病死猪必须采用此法）

图3-41 尸体等无害化处理方案

②用湿度为40%的锯末和3%的发酵剂（EM液、洛东酵素、伟力健）。

③尸体上下填埋20厘米厚的锯末。

④达到一定量时封存时间为6个月。

（4）监测环节 建立全场全面的生物安全监测系统。

①抗体水平与消毒效果监测 流程见图3-42。

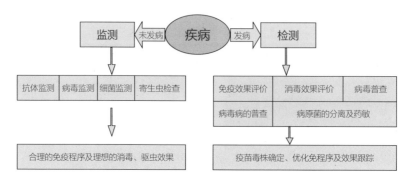

图3-42 抗体水平与消毒效果监测流程

②抗体水平监测的意义 见图3-43。

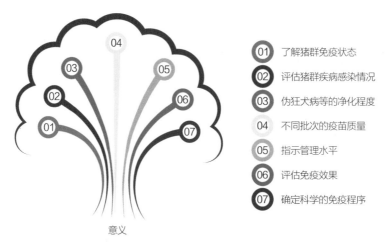

01 了解猪群免疫状态

02 评估猪群疾病感染情况

03 伪狂犬病等的净化程度

04 不同批次的疫苗质量

05 指示管理水平

06 评估免疫效果

07 确定科学的免疫程序

图3-43 抗体水平监测的意义

③我国省内、猪场周边流行病监测 见图3-44。

④猪群的健康与营养监测 根据各阶段猪只自身的生长性能和满足生产需要的营养水平提供合理全面的营养，定期监测饲料的各种营养指标。猪场的水质检测也是重要指标。

⑤猪只发病与死亡原因监测 通过临床症状及病死猪的解剖，记录发病时间和持续时间，记录病死猪表现出的各种症状和病变，记录发病和死亡比例，以便有效地、选择性地预防猪病。

⑥建立各种监测及跟踪表格 还可以根据自身的特点建立整个猪场的生物安全体系，对每个操作单元建立更为详细的生物安全管理清单。

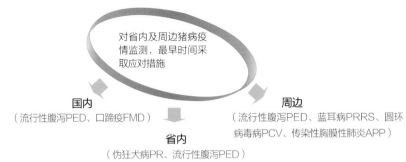

国内
（流行性腹泻PED、口蹄疫FMD）

省内
（伪狂犬病PR、流行性腹泻PED）

周边
（流行性腹泻PED、蓝耳病PRRS、圆环病毒病PCV、传染性胸膜性肺炎APP）

图3-44　猪病流行病学监测的内容

清单式管理

猪场现代化管理的有效工具

4 猪场一级管理清单的
主要内容

4.1　猪场一级管理清单一览表

　　为了让读者对猪场一级管理清单有一个更直观、立体的认识，更好地理解管理清单的内容设置，并有利于今后方便查询使用，本书没有使用传统的书籍目录书写格式对清单内容进行整理，而是采用了一览表的形式对清单主要内容进行分类和介绍。

　　同时，为了便于读者快速搜寻所需项目及相关工作标准，该一览表中采用了横纵两坐标矩阵排列图的方式列出内容。横坐标矩阵排列内容按照猪的生长阶段分类，主要有公猪、后备母猪、妊娠母猪、哺乳母猪、保育猪、生长育肥猪等。纵坐标矩阵排列内容按照猪的各个生长阶段的具体工作内容分类，主要有饲养目标、生产指标、营养、栏舍、环境、饲养管理等。其中，饲养目标是首要的，是所有生产行为的最高指导方向。

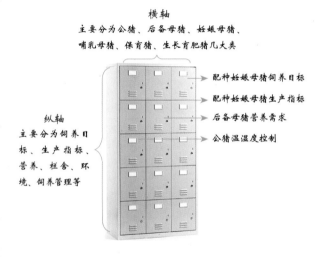

　　我们将猪场盈利的目标分解到猪群的每个生长阶段中去，包括公猪、后备母猪、配种妊娠母猪、哺乳母猪、保育仔猪、生长育肥猪。每个生长阶段主要以达成自己的饲养目标、生产指标为使命，且每个流程环节均按标准执行。

　　其他关键控制点则是猪场盈利黄金法则中的要素，如生产指标、营养、栏舍、环境、饲养管理等。这些要素都列出了相应的工作标准，可为猪场组织管理或生产行动提供目标和导向，从而提升猪场管理效率。

猪场一级清单一览表

项目		I公猪	II后备母猪	III配种妊娠母猪	IV哺乳母猪	V保育仔猪	VI育肥猪
1. 饲养目标		I-1 公猪饲养目标	II-1 后备母猪饲养目标	III-1 配种妊娠母猪饲养目标	IV-1 哺乳母猪饲养目标	V-1 保育舍饲养目标	VI-1 生长育肥舍饲养目标
2. 生产指标		I-2 公猪生产指标	II-2 后备母猪生产指标	III-2 配种妊娠母猪生产指标	IV-2 哺乳母猪生产指标	V-2 保育猪生产指标	VI-2 生长育肥猪生产指标
3. 栏舍及设施		I-3 公猪舍栏舍设施	II-3 后备母猪舍栏舍设施	III-3 配种妊娠舍栏舍设施	IV-3 哺乳母猪舍栏舍设施	V-3 保育舍栏舍设施	VI-3 生长育肥舍栏舍设施
4. 营养与饲喂		I-4.1 公猪营养需求	II-4.1 后备母猪营养需求	III-4.1 配种妊娠母猪营养需求	IV-4.1 哺乳母猪营养需求	V-4.1 保育仔猪营养需求	VI-4.1 生长育肥营养需求
		I-4.2 公猪饲喂方案	II-4.2 后备母猪饲喂方案	III-4.2 配种妊娠母猪饲喂方案	IV-4.2 哺乳母猪饲喂方案	V-4.2 保育仔猪饲喂方案	VI-4.2 生长育肥猪饲喂方案
		I-4.3 公猪饮水控制	II-4.3 后备母猪饮水控制	III-4.3 配种妊娠母猪饮水控制	IV-4.3 哺乳母猪饮水控制	V-4.3 保育仔猪饮水控制	VI-4.3 生长育肥猪饮水控制
5. 环境控制及生物安全	环境控制	I-5.1.1 公猪舍温湿度控制	II-5.1.1 后备母猪舍温湿度控制	III-5.1.1 配种妊娠舍温湿度控制	IV-5.1.1 哺乳舍温湿度控制	V-5.1.1 保育舍温湿度控制	VI-5.1.1 生长育肥舍温湿度控制
		I-5.1.2 公猪舍通风控制	II-5.1.2 后备母猪舍通风控制	III-5.1.2 配种妊娠舍通风控制	IV-5.1.2 哺乳舍通风控制	V-5.1.2 保育舍通风控制	VI-5.1.2 生长育肥舍通风控制
		I-5.1.3 公猪舍有害气体控制	II-5.1.3 后备母猪舍有害气体控制	III-5.1.3 配种妊娠舍通风控制	IV-5.1.3 哺乳舍有害气体控制	V-5.1.3 保育舍有害气体控制	VI-5.1.3 生长育肥舍有害气体控制
		I-5.1.4 公猪舍光照控制	II-5.1.4 后备母猪舍光照控制	III-5.1.4 配种妊娠舍有害气体控制	IV-5.1.4 哺乳舍光照控制	V-5.1.4 保育舍光照控制	VI-5.1.4 生长育肥舍光照控制
		I-5.1.5 公猪舍饲养密度控制				V-5.1.5 保育舍饲养密度控制	VI-5.1.5 生长育肥舍饲养密度控制
	生物安全	I-5.2.1 公猪霉菌毒素控制	II-5.2.1 后备母猪霉菌毒素控制	III-5.2.1 配种妊娠母猪霉菌毒素控制	IV-5.2.1 哺乳母猪霉菌毒素控制	V-5.2.1 保育仔猪霉菌毒素控制	VI-5.2.2 生长育肥猪免疫参考程序
		I-5.2.2 公猪免疫参考程序	II-5.2.2 后备母猪免疫参考程序	III-5.2.2 配种妊娠母猪免疫参考程序	IV-5.2.2 哺乳仔猪免疫参考程序	V-5.2.2 保育仔猪免疫参考程序	VI-5.2.3 生长育肥猪保健驱虫方案
		I-5.2.3 公猪驱虫方案	II-5.2.3 后备母猪驱虫方案	III-5.2.3 配种妊娠母猪驱虫方案		V-5.2.3 保育仔猪保健驱虫方案	
			II-5.2.4 后备母猪保健方案	III-5.2.4 妊娠母猪保健方案			
6. 饲养管理		I-6.1.1 公猪选择标准	II-6.1.1 后备母猪引种安全	III-6.1 猪场理想母猪群胎龄结构	IV-6.1.1 母猪乳房评估	V-6.1 仔猪断奶应激综合征	VI-6.1 生长育肥猪饲养管理关键控制点
		I-6.1.2 公猪选留率及更新率	II-6.1.2 后备母猪隔离	III-6.2 母猪（经产）淘汰标准	IV-6.1.2 异常乳房分析	V-6.2 保育仔猪饲养管理关键控制点	
		I-6.1.3 公猪淘汰原因及分布	II-6.1.3 后备母猪适应	III-6.3 母猪日常饲养管理检查清单	IV-6.2 分娩母猪体况（背膘）管理	V-6.3 保育舍日常检查清单	
		I-6.2.1 后备公猪配种要求	II-6.2.1 后备母猪选种标准	III-6.4 母猪体况评分与管理	IV-6.2.1 分娩母猪体况管理重要性	V-6.4 导致断奶仔猪生长受阻的因素	
		I-6.2.2 后备公猪调教	II-6.2.2 后备母猪选种评分表	III-6.5.1 空怀（后备）母猪查情操作清单	IV-6.2.2 母猪背膘测定		
		I-6.3 公猪使用频率	II-6.3 后备母猪淘汰标准	III-6.5.2 空怀母猪发情鉴定	IV-6.3 母猪进产房前准备		
		I-6.4.1 采精操作流程	II-6.4 后备母猪促发情措施	III-6.6 空怀母猪催情方案	IV-6.4.1 分娩判断		
		I-6.4.2 公猪精液品质等级检查	II-6.5 后备母猪发情判断	III-6.7.1 配种时机的把握	IV-6.4.2 接产准备		
		I-6.4.3 异常精子分类	II-6.6 后备母猪发情特点	III-6.7.2 配种前检查	IV-6.4.3 分娩接产		
		I-6.4.4 不合格精液公猪处理	II-6.7 后备母猪主要存在问题	III-6.7.3 配种前准备	IV-6.4.4 分娩指导表		
		I-6.4.5 精液稀释与保存		III-6.7.4 配种操作	IV-6.4.5 与死胎有关的数据		
		I-6.5 公猪精液品质影响因素分析		III-6.7.5 配种操作评分	IV-6.5 母猪分娩前后护理参考方案		
				III-6.8 配种母猪妊娠鉴定	IV-6.6.1 吃初乳及初乳采集		
				III-6.9 母猪成功妊娠影响因素分析	IV-6.6.2 剪牙与断尾		
				III-6.10 胚胎着床影响因素分析	IV-6.6.3 并窝寄养		
				III-6.11 母猪产仔数和返情影响因素分析	IV-6.6.4 补铁与灌服球虫药		
				III-6.12 其他异常情况分析	IV-6.6.5 去势与教槽		
					IV-6.7 分娩过程常见问题		
					IV-6.8 缩宫素使用常见问题		
					IV-6.9 哺乳采食影响因素分析		
					IV-6.10 仔猪断奶成功的关键条件		

4.2　公猪管理清单

Ⅰ-1　公猪饲养目标

项目	目标
性情	温驯，易调教，不攻击其他母猪及配种人员
四肢	健壮，无明显肢蹄疾病
体况	适中，不偏瘦或偏肥
健康状况	良好，无传染性疾病或生殖器官疾病
精液品质	优良，符合配种最佳需求
性欲	旺盛，配种或采精能力强

Ⅰ-2　公猪生产指标

项目	目标
精液品质	符合优良公猪精液标准
使用寿命（年）	2
配种成功率	≥1 000
后备公猪合格率（%）	>80
成年公猪更新率（%）	30~40

检查清单：

1．公猪精液品质见《公猪精液品质检查标准》；

2．关注公猪配种成功率，低于800时应采取相应的干预措施；

3．配种成功率=该公猪最近100头配种母猪的分娩率×其100次配种母猪窝产总仔数。例如，近100头配种母猪分娩率为80%，平均窝产仔数为9.5头，则配种成功率=80×9.5=760。

I-3 公猪舍栏舍设施

项目	指标	要求清单
公猪舍	位置	远离其他猪舍
	建筑结构	全密封钢结构，猪舍天花板高度约2.45米，隔热屋顶材质
	通道	纵向中间通道宽1.0~1.2米，两侧通道宽0.8米
采精设备	位置	靠近实验室的公猪栏舍
	采精栏	240厘米×240厘米，隔栏柱高55厘米、柱距25厘米
	防滑垫	固定公猪采精，防止肢蹄受伤
	假畜台	可调，长100~120厘米、宽30~35厘米、高50~70厘米
通风系统	风机或风扇	正常运转，功率选择与栏舍跨度相匹配
	卷帘布	PE材质、或者其他同等类型材料，厚度大于等于0.4毫米，每平方米重量大于等于250克
降温系统	水帘	面积与风机功率及栏舍构造匹配
		厚度为150毫米；5分钟的自然吸水率≥60毫米，抗张力≥70牛顿；每立方米质量大于等于150克
	喷雾水管	正常运转，每栏上方设置1个，高约1.8米，每10头猪每分钟的喷雾量约0.0017米^3
栏位系统	水泥地面栏	每头占用面积7.5~9.0米^2，2.6米（长）×2.2米（宽）×1.5米（高）
栏位系统	定位栏	面积：0.6~0.8米（宽）×2.4米（长）×1.5米（高）
		侧栏片：外框40毫米×40毫米角铁+栅条Φ18实心圆铁（镀锌）
		前、后栏门：外框Φ18实心圆铁+栅条Φ14实心圆铁（镀锌）
		钢管间隙：14~15厘米
	漏缝间隙	后面：3.8厘米；前面和正下：2.5厘米
	水泥地面结构	防滑的粗糙水泥地面（或高压水泥地面砖）
	结构	双列式或三列式，以钢管构成的栅栏分开
饮水系统	饮水器	鸭嘴式自动饮水器，一栏一用，高65~75厘米
	每分钟水流量	2.0~2.5升
	保健桶	清洁干净（定时清理），容积约100升

检查清单：

1. 冬季要做好设备保护，夏季到来之前要做好设备检修，以维护高温时设备的正常运作；

2. 夏季采取纵向通风，冬季采取垂直通风，其他季节采取纵向+垂直通风相结合的方式。

Ⅰ-4 公猪营养

Ⅰ-4.1 公猪营养需求

项目	猪营养标准（2004）	NRC（2012）	推荐建议
每千克消化能（千卡）*	3 093	3 402	3 200～3 300
粗蛋白质（%）	13.5	13.0	15～16
钙（%）	0.7	0.75	0.7～0.8
总磷（%）	0.55	0.75	0.7～0.8
有效磷（%）	0.32	0.31	0.35～0.45
赖氨酸（%）	0.55	0.6	0.6～0.65
蛋氨酸（%）	0.15	0.11	0.16～0.18
蛋氨酸+胱氨酸（%）	0.38	0.31	0.42～0.45
苏氨酸（%）	0.46	0.28	0.45～0.48

注：1.《猪营养标准》（2004）（NY/T 65—2004），以干物质88%为计，有效磷为非植酸磷，下同；
2. NRC（2012）以干物质90%为计，有效磷为表观总消化道可消化部分，氨基酸含量为总氨基酸需要量，消化能为有效消化能，下同；
3. NRC（2012）粗蛋白质含量参考NRC（1998），下同。
4. 为非法定计量单位，1卡≈4.184焦卡。

Ⅰ-4.2 公猪（后备公猪）饲喂参考方案

阶段（体重）	饲喂方式	每天的饲喂量（千克）	目标
20～50千克	自由采食	1.5～2.0	注重骨骼发育
50～120千克	日喂两餐（适度限饲）	2.0～2.5	控制膘情兼顾生长
120千克至初配	日喂两餐（限饲）	2.5～3.0	控制膘情，保持合理体型
成年公猪	日喂两餐（限饲）	2.5～3.0	控制膘情，保持旺盛性欲

检查清单：
1. 公猪的饲喂目标是保持公猪最适的体况，饲喂方案根据环境、品种、饲料营养等调整；
2. 选择饲喂正规公猪料很重要，切勿使用育肥猪料饲喂；
3. 定时定量，日喂两餐，高温等异常天气，注意蛋白质的补充，如每日增加1～2枚生鸡蛋；
4. 在条件允许的情况下，每周加喂一次青饲料，补充维生素及纤维素，促进胃肠道蠕动。

Ⅰ-4.3 公猪饮水控制

项目	指标	要求
饮水要求	每分钟水流量（升）	2.0～2.5
	每天饮水量（升）	15～20
	每千克饲料耗水量（升）	5～7
	饮水器高度（厘米）	65～75
	饮水器类型	鸭嘴式自动饮水器
水质要求	pH	5～8
	每升水中大肠埃希氏菌数（个）	<100
	每升水中的细菌数（个）	<105

检查清单：

1．水是猪的第一营养；

2．饮水系统也是疾病传播的一个重要源头，饮水卫生常被猪场忽视；

3．定期检修饮水管线（冬季防冻、夏季防晒等）、水压，保证饮水正常充足供应；

4．定期（至少1年/次）检测水质，水质符合《无公害食品 畜禽饮用水水质》（NY 5027—2001）标准，下同；

5．每批猪转群后对供水管线及饮水器进行清洗消毒，消毒液在饮水管线中保留4～6小时后再冲洗；

6．水管消毒液用量（L）=水管半径（厘米）×水管半径（厘米）×3.14×水管长（米）÷10。

Ⅰ-5 公猪舍环境控制与生物安全

Ⅰ-5.1 公猪舍环境控制

Ⅰ-5.1.1 公猪舍温湿度控制

项目	温度（℃）	湿度（%）
适宜温湿度	18～23	60～70
温湿度控制范围	15～27	50～80

检查清单：

1．温度对于猪场的重要性不言而喻，谁把握了猪场的温度，谁就控制了猪场的生产成绩；

2．每日监测记录不同时间段舍内、外温度，且每周对温度计进行校正，保证温度的有效监控；

3．高温严重影响公猪精液质量，公猪精子的产生约需要6周，高温对精子的影响持续6周以上；

4．采取水帘降温时，水帘关闭以舍外温度低于27℃为准；

5．保持栏舍干燥，30℃以下避免用水冲洗，以减少公猪蹄部疾病。

Ⅰ-5.1.2　公猪舍通风控制

指标	季节	目标
每秒风速（米）	冬、春、秋季	0.2 ~ 0.3
	夏季	1.5 ~ 1.8
通风换气量[米³/（小时·千克）]	冬季	0.35 ~ 0.45
	春、秋季	0.55 ~ 0.6
	夏季	0.7

检查清单：

1．检查通风设施（风机等）能否正常运转；

2．冬季严防贼风。

Ⅰ-5.1.3　公猪舍有害气体控制

指标	目标
每立方米氨气浓度（毫克）	≤25
每立方米硫化氢浓度（毫克）	≤10
每升CO_2含量（毫克）	≤1 500
每立方米粉尘浓度（毫克）	≤1.5
每立方米有害微生物数量（万个）	≤6

检查清单：

1．关注猪舍内的有害气体浓度（感觉、专业仪器测定）；

2．通过改进通风（排风）系统、营养调整等降低有害气体浓度。

Ⅰ-5.1.4　公猪舍光照控制

指标	目标	检查清单
光照强度（勒克斯）	200 ~ 250	保持栏舍通透，增加自然光照时间
光照时间（小时）	14 ~ 16	有效控制人工光照时间与强度

检查清单：

1．光照在猪场容易被忽视，但舍内光照的控制直接影响猪场的生产成绩，尤其对种猪极其重要；

2．猪舍光照需保持均匀，灯具保持与地面1.8 ~ 2.0米的距离，间距分布均匀，以3米设计为宜；

3．使用光照测定仪（摄影测光仪）对猪舍内光照进行有效监控；

4．建议使用白色荧光灯（100瓦），将灯安装在大部分光线能够照射到猪眼睛的位置；

5．10勒克斯相当于5瓦灯泡在其正下方2米处的光照强度。

Ⅰ-5.1.5 公猪舍饲养密度控制

阶段	每栏饲养头数（头）	每头饲养面积（米²）
后备公猪（性成熟前）	1~2	4.0~5.0
性成熟公猪（或成年公猪）	1	7.5~9.0

检查清单：

1．公猪舍需远离母猪舍；

2．单栏饲养时，猪栏不能封闭，要能够看到其他公猪；

3．青年公猪大栏一起饲养，可以提高性欲，但要防止打斗。

Ⅰ-5.2 公猪生物安全

Ⅰ-5.2.1 公猪霉菌毒素控制

霉菌毒素种类	每吨饲料中最高允许限量（克）	影响
黄曲霉毒素	<20	①生殖器官炎症（包皮炎），精液质量差、浓度低，精子形态异常增多，受精能力下降，肝脏受损；
呕吐霉素	<1 000	②睾丸萎缩；
玉米烯酮霉素	<500	③精子质量下降，无精、少精、死精现象增多，青春期延迟，性欲与精子活力下降，出现雌性化症状；
赭曲霉毒素A	<100	④拒食、呕吐、免疫抑制性霉菌毒素中毒症
T-2毒素	<1 000	

Ⅰ-5.2.2 公猪免疫参考程序

免疫时间	疫苗名称	免疫剂量	免疫方式
1月、5月、9月	猪瘟弱毒疫苗	2头份	强制免疫
2月、6月、10月	口蹄疫疫苗	2毫升	强制免疫
3月、7月、11月	伪狂犬病基因缺失疫苗	2头份	强制免疫
3月、7月	乙型脑炎弱毒疫苗	2头份	强制免疫
4月、8月、12月	蓝耳病灭活疫苗	2头份	强制免疫
4月、8月、12月	萎缩性鼻炎疫苗	1头份	选择免疫

检查清单：

1．免疫程序因猪场而异；

2．免疫尽量安排在凉爽的天气进行，避免高温应激；

3．免疫前可补充抗应激药物及氨基酸类营养物质。

Ⅰ-5.2.3 公猪保健方案

项目	要求
驱虫次数	每年4次
驱虫时间	每年2月、5月、8月、11月
驱虫周期	每个疗程连续5～7天
驱虫方式	体内外同时驱虫
驱虫药物首选	体内：伊维菌素（预混剂、针剂）
	体外：特敌克、双甲脒

检查清单：

1．猪寄生虫病属于全年发生的疾病，对猪的侵袭是长年存在的，因此控制猪寄生虫病应是全年性的；

2．对于寄生虫感染严重的猪场，进行全群统一彻底内外驱虫一次，稳定后建立驱虫程序；

3．注意猪舍及场内的清洁卫生，及时清除驱虫猪排出的粪便，中小猪场可将猪粪堆积发酵，经4～6周即可杀灭大部分虫卵，并加强对栏舍的消毒；

4．科学的管理、全价饲料、良好的营养可增强猪抵抗寄生虫侵袭的能力；

5．驱虫前建议适当控料，保证猪尽快吃完加药饲料。

Ⅰ-6 公猪饲养管理

Ⅰ-6.1 公猪选淘标准

Ⅰ-6.1.1 种公猪选择标准

项目	指标	选择清单
基础	肢蹄	结实，无明显肢蹄疾病（如裂蹄、"八"字脚、O形脚）
	体型	体长达到品种均数（体长：大白猪在115厘米以上、长白猪在117厘米以上），收腹好，体型好，后躯发达
	睾丸	发育正常，左右对称
	健康	无明显包皮积液
		无皮肤病，皮肤红润、皮毛光滑
		无传染性疾病
		无应激综合征
		同窝无阴囊疝、脐疝等遗传疾病
	性成熟	8月龄性成熟、体重达130千克以上，能参加调教和配种
重点	精液品质	精液质量高，符合《精液监测标准》
关键	公猪本身	适应性强
	后代性能	一致性好、料重比低、体型好、生长速度快、肉质好

Ⅰ-6.1.2 公猪选留率及更新率

指标	分类	目标
选留率（%）	核心群	8～10
	杂繁群	10～15
	终端群	50～60
更新率	一般公猪	2年更新100%
	优秀公猪	使用年限不限

注：优秀公猪在使用年限过长时，精液品质出现下降便可淘汰。

Ⅰ-6.1.3 公猪淘汰原因及分布

项目	淘汰清单	淘汰比例（%）
年限	核心群：配种超过80胎或使用年限超过1.5年的成年公猪	28
	商品群：使用年限超过2年以上	
	超10月龄不能配种的后备公猪	
精液品质	长期检验不合格，参照《精液品质评定标准》，5周4次精检法	28
性欲	性欲低，配种或采精能力差（经治疗后无价值）	10
健康	先天性生殖器官疾病（阴囊疝、脐疝等遗传性疾病）	10
	裂蹄或关节炎等肢蹄损伤影响配种或采精	
	感染严重传染病（定期抽血检验）	
	普通疾病治疗两个疗程未康复，长期不能配种或采精	
性情	不爬跨假母台或母猪，无法调教	3
	性情暴躁，攻击工作人员、咬伤母猪、自淫等	
其他	体型过肥或过瘦造成配种困难，无法调整	21
	不符合品种特征，体型评定为不合格的公猪	
	后代体型外貌及生长性能差（个体变异大、畸形率高、生长速度慢等）	

Ⅰ-6.2 后备公猪饲养管理

Ⅰ-6.2.1 后备公猪配种要求

指标	目标
月龄	＞8
体重（千克）	＞130
精子活力	＞0.8
精子密度	中度或以上

Ⅰ–6.2.2 后备公猪调教

项目	指标	操作清单
调教条件	年龄（月龄）	8
	体重（千克）	＞130
调教频率	每周次数	4～5
	每次时间（分钟）	15～20
调教方式	观摩法	将后备公猪赶至待采精栏，旁观其他成年公猪采精或配种，激发性欲
	发情母猪诱情法	要求母猪发情明显且旺盛，后备公猪与发情母猪共处一室接触，待公猪性欲旺盛时把母猪赶走，切忌母猪爬跨公猪
	爬跨假猪台法	涂：假猪台上涂上发情母猪尿液、阴道分泌物或其他公猪精液
		赶：将后备公猪赶至采精栏
		模仿：调教人员模仿发情母猪叫声，刺激公猪

检查清单：

1. 调教公猪时，尽量让公猪熟悉采精人员的声音，第一次成功采精后至少应连续3天对其采精，以强化意识，形成条件反射；
2. 调教公猪，需要有耐心，温和对待公猪，且保持环境安静。

Ⅰ–6.3 公猪使用频率

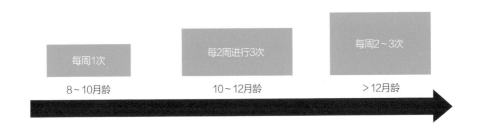

检查清单：

1. 所有没有采精任务的公猪每周至少采精1次，对保持公猪性欲非常重要；
2. 多数公猪习惯于给定的采精和配种频率，采精频率的稳定性比采精频率更重要；
3. 采精次数太少，会造成精子活力低；太频繁，精子不成熟，利用价值不大；
4. 合理安排公猪采精频率，有助于维持公猪性欲及延长公猪使用寿命。

Ⅰ-6.4 公猪采精操作及精液处理

Ⅰ-6.4.1 采精操作流程

项目	步骤	操作清单
采精前 准备	1	采精前提前1小时把营养液配制好
	2	确定被采公猪，记录耳号、品种
	3	准备清水、毛巾、采精杯、洗瓶、纸巾、保温箱、采精手套
	4	检查采精栏内假母猪台的质量，并调整到适合高度
	5	查看公猪档案，把公猪赶入采精栏
采精操 作流程	1	从恒温箱（37℃）中取出干净的采精杯
	2	若采精栏不靠近实验室，则将采精杯放入保温箱
	3	先戴上无滑石粉的聚乙烯一次性手套（不能用乳胶、聚氯乙烯手套），再戴一只食品手套
	4	确定公猪包皮处长毛被剪掉
	5	在公猪爬跨后，上下挤压公猪包皮处积尿，使其排尽
	6	用清水清洗干净包皮处，并用干毛巾或纸巾擦拭干包皮处
	7	脱去外层食品手套
	8	等到公猪阴茎伸出时，采精人员握拳式让公猪阴茎伸入，用手指抓紧部分伸出的阴茎前端的龟头，顺势握住公猪的阴茎将其慢慢拉出
	9	清洗采精的手和公猪阴茎，并用卫生纸擦干
	10	置集精瓶高于包皮部，防止包皮部液体流入集精瓶
	11	刚开始采精时舍弃最后部分清亮液体及胶体，只采集中间富精部分（80～400毫升）
	12	采精过程必须让公猪尽情射精完才放手（需3～5分钟）
	13	用纱布过滤去掉冻胶部分（20～40毫升），盖好采精杯，放入保温箱
	14	将采精杯送入化验室，并标记好公猪耳号、品种、采精员姓名
	15	将公猪赶入栏舍，给其鸡蛋作为奖励
	16	清洗采精栏，把所有工具物归原处

注：采精时保持环境安静，忌中途打断公猪，需要时才给予帮助。

Ⅰ-6.4.2　公猪精液品质等级检查

指标	采精量（毫升）		精子活力	精子密度（亿个/毫升）	精子畸形率（%）	气味	颜色
	成年公猪	青年公猪					
优	>250	150～200	>0.8	>3.0	<5	微腥	乳白色或灰白色
良	150～250		0.7～0.8	2.0～3.0	5～10		
合格	100～150		0.6～0.7	0.8～2.0	10～18		
不合格	<100	<100	<0.6	<0.8	>18	腥臭	其他颜色

注：青年公猪指8～12月龄公猪，成年公猪指12月龄以上公猪。

Ⅰ-6.4.2.1　公猪精液品质检查清单

编号	检查清单
1	精液采集完成后，要立即检查处理，一般在8～10分钟完成
2	每次采精后及使用精液前，都要进行精子活力检查，检查精子活力前必须使用37℃左右的保温板，以满足精子温度需要
3	不合格要求：以上指标一项为不合格，就评定精子不合格，弃用
4	后备公猪精液量一般为150～200毫升（每次8～12头份），成年公猪一般为200～600毫升（每次15～35头份），与品种、年龄、季节、饲养管理等因素均有关
5	精子活力：以呈直线运动的精子比例计算，新鲜精子活力>0.7为正常，稀释后精子活力大于0.65为正常，低于则弃用
6	公猪的畸形精子率一般≤18%（夏季≤20%），否则应弃去，采精公猪要求每2周检查一次畸形率
7	颜色：精子密度越大，精液颜色就越白，异常颜色的精液必须弃用
8	酸碱度用pH试纸测定，正常呈弱碱或中性，最佳pH为6.8～7.2。pH越接近弱碱性或中性，则精子密度越大，过酸或过碱都会影响精子活力

Ⅰ-6.4.3　异常精子分类

异常种类	特征	原因分析
头部异常	头大、扁小	睾丸退化，外部刺激，渗透压变化
颈部异常	断裂、头颈不连	
中部异常	歪、肥大	
尾部异常	断尾、折断、卷曲	
不成熟	细壁质滴黏在中部、尾部或颈部	年轻公猪或公猪使用频率过高

I-6.4.4　不合格精液公猪处理

5周4次法检查步骤为：

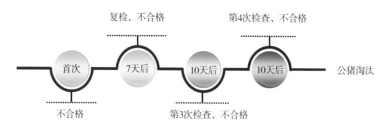

检查清单：

1. 经过连续5周4次精检，一直不合格的公猪建议作淘汰处理；
2. 若中途检查合格，视精液品质状况酌情使用。

I-6.4.5　精液稀释与保存

	步骤	操作清单
消毒	设备消毒	稀释及分装所有仪器、用具高温消毒（冷却），确保卫生
稀释液	蒸馏水	稀释用蒸馏水或去离子水，pH要求呈中性（6.8～7.2）
	称量	自配稀释剂成分要求纯净，称量准确
	配制	稀释液现配现用
稀释	①原精温度控制	采精后的原精液温度保持33～35℃
步骤	②精液检验	检验颜色、气味、精子活力、畸形率等
	③确定稀释倍数	精子活力大于0.8，精液：稀释液=1：2
		精子活力0.6～0.7，精液：稀释液=1：1
		精子活力小于0.6，不稀释使用，一般建议弃用
	④稀释液预热	取两个高灵敏度温度计分别置于原精和水浴锅中的稀释液，以原精温度为准，调整稀释液温度与原精温度相差在1℃以内
	⑤稀释、混合	将稀释液按约1：1缓慢倒入原精中，混匀；30秒后将剩余稀释液缓慢倒入，混合均匀（采精后8～10分钟内完成稀释）
	⑥镜检	稀释后检查精子活力，活力>0.65
分装	分装	将稀释好的精液放置10分钟后，缓慢摇晃，将精液瓶倾斜45度缓慢倒入（每份80～100毫升）；不同品种精液使用不同颜色输精瓶分装，便于区分
	排空	分装后输精瓶空气需排尽
	标记	标明公猪耳号、品种、稀释时间等信息
保存	温度控制	精液稀释好后不能立即放入到恒温箱内，用毛巾覆盖至自然冷却至22℃左右（约1小时），避免温度降低过快，刺激精子
		保存至16～18℃（最佳17℃）恒温冰箱
		恒温箱内要放置温度计，观察与恒温箱显示温度一致性
	时间控制	保存时间小于3天
	存放	不同品种分开放置，均应该平放且可叠加

注：温度检查、精液摇匀（防止精子沉淀），为确保工作的准确性，必须要有记录。

Ⅰ-6.4.5.1 精液保存注意事项：精子五怕

项目	机理	操作清单
光照	阳光中的紫外线对精子具有极强的杀伤力	稀释及保存尽量避免接触阳光直照
脏	细菌是精子的克星	采精、稀释用具、过程保持干净卫生
振荡	强烈振荡可导致精子大量死亡、变形	稀释时按顺（或逆）时针轻轻搅拌，使用及运输过程轻拿轻放
水分	外来水分导致精子爆炸死亡	稀释剂按照规定比例稀释，避免外来水分渗入
温度	精子对温度的频繁变化缺乏适应能力	要恒温（17℃）保存精子，使用时不需升温；输精瓶使用前可保存在恒温冰箱（16～18℃），并用毛巾包裹

Ⅰ-6.4.5.2 稀释剂配制

稀释剂成分	配比	作用
葡萄糖（克）	37	为精子提供营养
柠檬酸钠（克）	6	抗凝及调节pH
乙二酸四乙酸二钠（克）	1.25	抗凝及防止有害金属离子和化学基团对精子造成伤害
碳酸氢钠（克）	1.25	调节pH
氯化钾（克）	0.75	调节渗透压
蒸馏水（毫升）	1 000	增加精液量，防止温度变化剧烈
50万单位庆大霉素（支）	2	抗菌

Ⅰ-6.5 公猪精液品质影响因素分析

Ⅰ-6.5.1 公猪精液品质影响因素

原因	检查清单
公猪老龄或过于年轻	老龄公猪淘汰，青年公猪在8月龄、体重在130千克以上时才能逐步使用
肢蹄疾病或传染性疾病	相应抗体检测，根据结果调整和及时治疗，合格后再使用
卫生、温湿度及通风不合理等	卫生干净干燥，温度控制在18～22℃，相对湿度不要超过70%，通风良好，无氨气味
使用频率过高	青年公猪每周1次，成年公猪每周2次
缺乏运动	公猪每周运动2次，每次20分钟，每次运动约1 000米
缺乏光照	让公猪得到一定的光照或将公猪每天一次赶到舍外运动

Ⅰ-6.5.2 采精及稀释过程

原因	检查清单
公猪或采精设备消毒不严格	公猪采精前采精部位要消毒
	采精设备按要求消毒
	精液检测设备消毒
采精操作不严格	按照采精流程操作
精子品质鉴定不严谨或不鉴定	精液进行活力、颜色、气味等指标检查，不合格弃用
未按要求对精液进行稀释	按照稀释要求进行稀释，根据精子质量选择稀释倍数
未按要求对精液进行保存	排出输精瓶内空气
	恒温箱控制在17℃恒温
	保存时间小于3天
未按要求运输	精液运输要用恒温箱运输
	在运输中禁晃动、暴晒

4.3 后备母猪管理清单

Ⅱ-1 后备母猪饲养目标

Ⅱ-1.1 后备母猪培养目标

项目	目标	现状
长期培养目标	使后备母猪的繁殖潜能极大化	问题突出，淘汰率高
	形成健全的后备母猪营养体系	营养体系不健全
短期培养目标	提高初情期	初期延迟，乏情比例高
	提高配种成功率（大于95%）	返情、流产比例高
	提高合格率（大于90%）	淘汰率高
	获得最佳的排卵数	排卵数不稳定
	获得最大的胚胎存活率	产死胎率高
	达到理想的体况	体况不合理比例高

Ⅱ-1.2　后备母猪饲养目标

阶段	目标
25～60千克	促进骨骼发育
	促进肌肉发育
	保证卵巢发育
	保证免疫系统发育
60千克至初情期（约110千克）	及时启动初情期
	促进卵泡发育，获得最大排卵数
	提高卵泡质量，获得最佳受精率
	具备最佳初配体况

注：后备母猪饲养成绩的好坏影响母猪终生繁殖成绩。

Ⅱ-1.3　后备母猪初配目标

指标	目标
初情诱导日龄（天）	150～160
初情平均日龄（天）	170～190
首配平均日龄（天）	220～240
初配体重（千克）	130～135
初配背膘厚（毫米）	18～20
最佳配种情期	第三情期
配种前用催情料饲养的天数（天）	14

注：不同品种（系）母猪初情目标要求各有差别，具体指标根据种品种（系）定。

Ⅱ-1.4　后备母猪生长目标

阶段	体重	日龄	日增重（克）	背膘厚度
阶段1（初选期）	25～60千克	60～120天	580	7毫米
阶段2（快速生长期）	60～90千克	120～160天	750	7～13毫米
阶段3（初情启动期）	90～125千克	160～210天	700	13～16毫米
阶段2至阶段3	60千克至配种前21天		650	
阶段4（短期优饲期）	125～140千克	210～230天	750	18～20毫米
阶段5（分娩期）	增加35～40千克	增加115天		增加2～3毫米

检查清单：

1. 体重是判断后备母猪是否合格的最重要的单一指标，反映后备母猪的生长状况及成熟度；

2. 后备母猪太轻或太重时配种均会降低生产性能；

3. 控制后备母猪适中的日增重（650～700克），确保其免疫系统及生殖系统能够充分发育；

4. 高度重视后备母猪背膘厚度；

5. 体重和背膘可能会随环境和基因型发生变化，但因猪的品种而异。

Ⅱ-2 后备母猪生产指标

指标	目标
母猪利用率（%）	＞90
入群后28天内发情配种率（%）	＞90
头胎窝产活仔数（头）	＞10.5
配种成功率（%）	＞95
性能保持	＞75%母猪进入第三胎正常生产前两胎提供仔猪数＞22头
终身窝产仔数	＞7胎
	≥70头
终生生产平均年非必需生产天数（天）	≤30
后备母猪年补充更新率（%）	30～35

检查清单：

1. 后备母猪是猪场未来盈利的保证，是母猪群具有较长生产寿命的根基；

2. 后备母猪配种体重是判断后备母猪是否合格最重要的单一指标，反映后备母猪的生长状况及成熟度；

3. 经公猪刺激后3周有超过70%的母猪发情，6周后有超过95%的母猪发情。

Ⅱ-3 后备母猪栏舍设施

项目	指标	要求清单
隔离舍	位置	隔离舍距原有猪群至少1 000米，最好在生产区外
	建筑结构	钢结构全密封结构，猪舍天花板高度约2.45米，隔热屋顶材质
	通道	纵向中间通道宽1.0～1.2米，两侧通道宽0.8米
通风系统	风机或风扇	正常运转，功率选择与栏舍跨度匹配
	卷帘布	PE材质，或者其他同等类型材料，厚度≥0.4毫米，每平方米重量≥250克
降温系统	水帘	面积与风机功率及栏舍构造匹配
		厚度为150毫米；5分钟自然吸水率≥60毫米；抗张力≥70牛顿；每立方米的质量大于等于≥150克
	喷雾水管	正常运转，每栏上方设置1个，高约1.8米，每10头猪每分钟的喷雾量约0.0017米³；
栏位系统	单体地面栏	每栏4～6头
	头均面积	2.0～3.0米²
饮水系统	饮水器	大号碗式饮水器，一栏一用，高60～75厘米
	水流	每分钟2.0～2.5升
	保健桶	清洁干净（定时清理），约100升
地面系统	水泥地面	防滑粗糙水泥地面（或高压水泥地面砖）

检查清单：

1. 夏季炎热时开启水帘，风机全开，通风降温；冬季低温时关闭水帘的水泵，开启天花小窗、换气风机进行通风换气。

2. 夏季采取纵向通风，冬季采取垂直通风，其他季节采取纵向通风+垂直通风相结合的通风方式。

3. 后备栏设计成方形更有利于群养时母猪逃避攻击；

4. 群养时需考虑母猪的性情，性情温和时头均饲养面积不低于2米²，性情暴躁时头均饲养面积不低于3.0米²。

Ⅱ-4 后备母猪营养

Ⅱ-4.1 后备母猪营养需求

项目	猪营养标准（2004）	推荐建议
体重（千克）	40~70	75~140
每千克消化能（千卡）	2 903	3 250
粗蛋白质（%）	14	15.0~15.5
钙（%）	0.53	0.85~0.95
总磷（%）	0.44	0.65~0.7
有效磷（%）	0.2	0.4~0.45
赖氨酸（%）	0.67	0.7~0.8
蛋氨酸（%）	0.36	0.38~0.45
蛋氨酸+胱氨酸（%）	0.43	0.43~0.50
苏氨酸（%）	0.11	0.12~0.20

注：猪营养标准（2004）参考地方后备母猪营养需求。

Ⅱ-4.2 后备母猪饲喂方案

阶段	每头每天的饲喂量（千克）	饲料品种	目的
引种当天	不喂料，保证充足饮水，水中加入抗应激药物	抗应激药物、抗生素等	减少应激
第2天	0.5	后备母猪料	饲料过渡
第3天	正常饲喂量1/2		
第4天	自由采食		
4~6月龄	自由采食（2.0~2.5）	后备母猪料	正常生长
6~7月龄（第一情期）	适当限饲（1.8~2.2）		控制生长速度
第1~2情期	正常饲喂量增加1/3（2.5~2.8）		刺激发情
第2情期后1周	2.0~2.5		刺激发情
配种前2周	3.0千克以上或自由采食	哺乳母猪料	短期优饲，促进排卵
配种后28天	限饲（1.8~2.0）	怀孕母猪料	胚胎着床最大化

检查清单：

1. 种猪引进后，8小时内不饲喂饲料，1小时内不能饮水。先让公猪休息1小时再采用少量多次的方法饮水，即每次少量供给，待饮完后30分钟再次饮水，防止猪暴饮，同时水中加电解多维或抗应激药物；
2. 根据猪体重选择合适的饲喂饲料（小猪料或后备母猪料）；
3. 配种前根据后备母猪体况（背膘）适当增减饲喂量，防止母猪过度肥胖或过瘦；
4. 配种前必须催情补饲2~3周，以提高母猪排卵数；
5. 后备母猪妊娠早期（前3~4周）严格控制饲喂量。

Ⅱ-4.3 后备母猪饮水控制

项目	指标	要求
饮水要求	每分钟水流量（升）	1.5 ~ 2.0
	每天饮水量（升）	15 ~ 20
	每千克饲料耗水量（升）	5 ~ 6
	饮水器高度（厘米）	60 ~ 70
	饮水器类型	鸭嘴式自动饮水器
水质要求	pH	5 ~ 8
	每升水中的大肠埃希氏菌数（个）	<100
	每升水中的细菌数（个）	<105

Ⅱ-5 后备母猪舍环境控制与生物安全

Ⅱ-5.1 后备母猪舍环境控制

Ⅱ-5.1.1 后备母猪舍温湿度控制

项目	温度（℃）	湿度（%）
适宜温度	18 ~ 25	60 ~ 70
控制范围	15 ~ 27	50 ~ 80

检查清单：

1. 后备母猪引种后要注意保温防暑，以免昼夜温差过大引起流感、腹泻等，炎热季节可以在饲料中添加抗应激药物，如维生素C、维生素E、小苏打等；温度过高或过低，均影响后备母猪发情；
2. 温度大于25℃时影响后备母猪的采食量，小于18℃时影响膘情积累。

Ⅱ-5.1.2 后备母猪舍通风控制

指标	季节	要求
每秒风速（米）	冬、春、秋季	0.3
	夏季	1.5 ~ 1.8
通风换气量［米³/（小时·千克）］	冬季	0.35
	春、秋季	0.45
	夏季	0.6

检查清单：冬季要防止贼风。

Ⅱ-5.1.3　后备母猪舍有害气体控制

指标	要求
每立方米氨气浓度（毫克）	≤25
每立方米硫化氢浓度（毫克）	≤10
每升二氧化碳浓度（毫克）	≤1 500
每立方米粉尘浓度（毫克）	≤1.5
每立方米有害微生物数量（万个）	≤6

Ⅱ-5.1.4　后备母猪舍光照控制

指标	要求
光照强度（勒克斯）	250～300
每天光照时间（小时）	14～16

检查清单：保证后备舍充足的光照时间与强度，有利于后备母猪发情。

Ⅱ-5.2　后备母猪生物安全

Ⅱ-5.2.1　后备母猪霉菌毒素控制

霉菌毒素种类	每吨饲料中最高允许添加量（克）	影响
黄曲霉素	<20	①外阴和乳腺肿大、拒食、生长停滞等
呕吐霉素	<1 000	②子宫和肛门脱垂、呕吐、拒食
玉米赤霉烯酮霉素	<500	③发情抑制（不发情、不排卵）、假发情
赭曲霉毒素A	<100	④屡次配不上、流产
T2	<1 000	⑤卵巢萎缩、子宫弯曲、弱仔

检查清单：

1．霉菌毒素对后备母猪最常见的危害就是延迟后备母猪发情，并可能将影响后备母猪终生繁殖成绩（母猪的生殖器官处于受损害的风险中）；

2．玉米赤霉烯酮毒素容易造成未成熟母猪假发情、卵巢萎缩等症状，对于成熟后备母猪则引起发情中止，出现假孕症状。

Ⅱ-5.2.2　后备母猪免疫参考程序

免疫时间	疫苗名称	免疫剂量	免疫方式
50~60千克	蓝耳病疫苗	1头份	颈部肌内注射
	圆环病毒病疫苗	2毫升	颈部肌内注射
+7天	口蹄疫疫苗	2毫升	颈部肌内注射
	猪瘟弱毒疫苗	2头份	颈部肌内注射
+14天	伪狂犬病基因缺失疫苗	1头份/2毫升	颈部肌内注射
+21天	细小病毒病疫苗+乙型脑炎疫苗	各2毫升	颈部肌内注射
+31天	蓝耳病疫苗	1头份	颈部肌内注射
	圆环病毒病疫苗	2毫升	颈部肌内注射
+38天	口蹄疫疫苗	2毫升	颈部肌内注射
	猪瘟疫苗	2头份	颈部肌肉注射
+45天	伪狂犬病基因缺失疫苗	2头份	颈部肌内注射
+52天	细小病毒疫苗+乙型脑炎疫苗	各2毫升	颈部肌内注射

检查清单：

1．后备母猪免疫系统不完善，容易受疾病攻击，对仔猪保护力较脆弱，尤其要重视后备母猪细小病毒与乙型脑炎的疫苗接种；

2．按照免疫程序在配种前（前1周）完成所有疫苗的免疫，每种疫苗必须接种完两次方可配种；

3．后备母猪的免疫程序需根据引种猪场的免疫程序制定，包括免疫种类、疫苗类型等；

4．后备母猪免疫疫苗须知，见下表。

类别	疫苗种类	要求
一类疫苗	口蹄疫疫苗	到达后1周内即免疫
	猪瘟疫苗	到达后1周内即免疫
	伪狂犬病疫苗	到达后1周内即免疫
二类疫苗	细小病毒病疫苗	配种前6周、3周各免疫1次，但至少要达到150日龄
	乙型脑炎疫苗	免疫所有新种猪，尤其是在蚊虫活跃季节
	大肠埃希氏菌疫苗	产前5周、2周各免疫1次，或后备母猪在适应期接触原场仔猪或母猪的粪便时每周3次
三类疫苗	蓝耳病疫苗	让新种猪与病毒携带猪接触，较免疫更有效
	萎缩性鼻炎疫苗	到达后即免疫
	喘气病疫苗	新种猪无支原体肺炎（MPS），到达后即免疫意义不大
	传染性胃肠炎疫苗	隔离期免疫阴性母猪

注：1．一类疫苗为国家规定强制免疫疫苗；

2．二类疫苗为常用的、对生产危害不太严重的病的疫苗；

3．三类疫苗指针对猪场附近疫情，可考虑免疫的疫苗。

Ⅱ-5.2.3 后备母猪驱虫方案

项目	要求
驱虫时间	引种后第2周、配种前2周各驱虫一次（体内外同时进行）
	7天为一个驱虫周期
药物选择	体内驱虫：首选伊维菌素（预混剂、针剂）、阿苯咪唑
	体外驱虫：双甲脒、杀螨灵、虱螨净等体外喷雾的方法

Ⅱ-5.2.4 后备母猪参考保健方案

阶段	参考方案
引种后前2周	第1周：每吨饲料添加泰妙菌素（80%）125克+金霉素（15%）3 000克
	第2周：泰妙菌素（80%）100克+阿莫西林（75%）200克
适应期开始前2周	第4周：每吨饲料添加磷酸泰乐菌素（22%）500克
	第5周：每吨饲料添加金霉素（15%）4 000克

注：以上可预防呼吸道与消化道疾病，同时降低猪的应激反应。

Ⅱ-6 后备母猪饲养管理

Ⅱ-6.1 后备母猪引种

Ⅱ-6.1.1 后备母猪引种安全

项目	检查清单
引种来源	引种尽量保持同场化，避免品种来源多场化，以及病源来源多元化
	引种场猪群健康状况应与本场相近，无疫区、新型传染病
引种人员	引种前1周，不得接触任何畜禽，避免携带病源接触种猪前必须严格消毒
运输车辆	选择非畜禽运输车辆做好清洗消毒（至少两次）
运输过程	炎热季节：防暑降温、控制装猪密度，加强通风
	寒热季节：做好保暖运输行驶平稳，切忌紧急刹车

Ⅱ-6.1.2 后备母猪隔离

项目	检查清单
隔离时间	大于3周
地点选择	隔离舍距原有猪群至少1 000米，最好在厂区外
栏舍要求	每栏4～6头
	头均面积不少于3.0米²

（续）

项目	检查清单
卫生要求	进猪只前，隔离舍彻底冲洗干净并严格消毒
	栏舍消毒空置时间大于7天
	保持栏舍及设备干燥
	及时清理粪尿
设备要求	具备加药器、通风及保温设施等
	隔离区及主生产区严禁共享设备（专舍专用）
饲喂要求	抗应激：电解多维
	充足干净饮水
防疫要求	每天至少带猪消毒1次
	观察是否跛行、腹泻、喘气，并抽血检测
	禁止实施人工免疫（疫苗）
	防止过度打斗，尽量减少人为干扰
	防鸟防鼠、灭蚊蝇等
	全进全出

检查清单：

1. 后备母猪运输至隔离舍后的3天内，必须进行相关的严格检疫，尽管不同猪场存在的病源不同，这些或许是很小的差别，但也可能给你的猪带来更大的问题；
2. 避免由于环境的改变而导致的潜在风险的发生。

Ⅱ-6.1.3 后备母猪适应

Ⅱ-6.1.3.1 后备母猪适应时间及地点要求

项目	要求	操作清单
适应时间	6~8周	隔离期（3周）结束后开始
适应地点	隔离舍	环境卫生、检修通风设施等

Ⅱ-6.1.3.2 疾病适应

项目		操作清单
消化系统适应	粪便接触	与本场健康老母猪粪便放置引进猪栏排粪沟，逐渐接触
		每栏约1千克，每日更换1次，持续2周
	粪便饲喂（选择）	粪便接触结束后，将本场健康老母猪粪便添加至后备母猪饲料中混饲；每天每头50克，持续30天

（续）

项目		操作清单
呼吸道及体表微生物适应	活猪接触（母猪混养）	与原场猪（淘汰的种猪）在引种满60天混饲，接触初期切忌太强烈
		初期：8～10头后备母猪配置1头健康老母猪（淘汰），2周；后期：3～5头后备母猪配置1头健康老母猪，2周
	免疫	制定合理的免疫程序，特别是二类疫苗的免疫程序
	保健	做好后备母猪引进后前2周的保健，降低应激
	驱虫	引种后第2周及配种前2周体内外驱虫各1周

注：1. 如原有猪群有猪痢疾、球虫病、C型魏氏梭菌感染或猪丹毒时，适应期后备母猪不能接触原有猪群粪便，可用木乃伊胎儿、胎盘、死胎达到此目的；

2. 青年母猪在适应期需要逐步接触场内的微生物，让其自身重新准备其抵抗场内猪群现有微生物病源的免疫防疫机能；同时允许场内母猪升级自己的免疫模式，以应对新母猪群带入的微生物的风险。

Ⅱ-6.1.3.3　饲料适应

项目	时间	操作清单
逐步增加饲喂量	引种当天	不喂料，保证充足饮水，水中加入抗应激药物
	第2天	0.5千克
	第3天	正常饲喂量的1/2
	第4天开始	自由采食

Ⅱ-6.2　后备母猪选种

Ⅱ-6.2.1　后备母猪选种标准
Ⅱ-6.2.1.1　整体（外形）选淘清单

选择标准	淘汰标准
体型修长，符合品种特征	不符合本品种外貌特征
被毛光泽、皮肤红润，符合品种特征	
长白和大白猪身无黑色斑点（血统纯）	
头部清秀与躯干连接紧凑，腮肉少	
背部：肩宽、背线平直	
臀部丰满、尾根处有窝，上翘	

Ⅱ-6.2.1.2 外阴选淘清单

选择标准	淘汰标准
外阴大小及形状正常	幼稚型外阴（发育不全）
阴户发育良好，肥厚丰满，大小同尾根轮廓相当	外阴过小（交配、分娩困难）
无损伤	外阴上翘（分娩困难）
不上翘	外阴外翻（子宫、膀胱等感染炎症）
	外阴严重损伤（配种、分娩困难）

Ⅱ-6.2.1.3 肢蹄（腿）选淘清单

选择标准	淘汰标准
关节有适当的弯曲，能够起到良好的起卧缓冲	侧蹄过度发育
行走流畅，步态轻盈	后肢蹄部直立，臀部较窄，肌肉紧绷后肢呈鹅步
不跛行，无明显关节肿胀、无明显损伤	蹄、腿部明显损伤
肢蹄结实，无明显的肢蹄疾患	内外八字腿（如O形、X形或镰刀形）
蹄趾头较大，大小均匀，有间距的分布	蹄趾过小、无间距或间距太小（裂蹄、蹄掌磨损）
蹄部方向朝外侧，之间拥有足够的宽度	蹄趾大小差异过大（大于1/2）
侧蹄发育正常	腿间距离过窄
前腿结实，站姿呈矩形	肢关节肿大、突起
前腿与后腿蹄尖方向成平行线	较严重的裂蹄

Ⅱ-6.2.1.4 腹线（乳头）选淘清单

选择标准	淘汰标准
腹线平直	存在瞎乳头和附乳头
乳头整齐，乳头间距合适，分布均匀	乳头不突出，内陷
有效乳头数在6对以上	乳头间距过小且分布不均匀
乳头发育良好，无瞎乳头	每边功能性乳头少于6个

Ⅱ-6.2.1.5 健康选淘清单

选择标准	淘汰标准
无遗传性疾病	脐疝、并趾等
无应激综合征	经驱赶不震颤、不打抖
无皮肤性疾病	皮肤病、损伤、免疫注射肿块等
无呼吸道症状	泪斑、红眼、咳嗽

Ⅱ-6.2.2　后备母猪选种评分表

项目	要求	比重（%）	评分（5分制）
整体	符合品种特征（长白和大白猪身无黑色斑点）	20	
	体型修长、头部清秀、肩宽、背线平直		
	行走流畅		
	臀部丰满、尾根处有窝		
肢蹄（腿）	无裂蹄	30	
	不跛行，无明显关节肿胀、无明显损伤		
	大小一致		
	侧蹄发育正常		
	蹄部、腿部无损伤		
	肢蹄较大，匀称，有间距分布		
腹线、乳头	腹线平直	25	
	有效乳头6对以上		
	乳头整齐（无突出、内陷）		
	乳头间距合适，分布均匀		
	乳头发育良好（无瞎乳头、附乳头）		
阴户	无阴户上翘	15	
	无明显损伤		
	无小阴户		
健康	无遗传性疾病（脐疝等）	10	
	无皮肤病、呼吸道疾病等		

检查清单：

1．每一指标评分均为1～5分，只要有一指标分值低于3分均不选留；

2．阴户指标只要有一项不符就不能选种；

3．针尖状阴户根据生产性能和其他体型外貌评分进行选留。

Ⅱ-6.3　后备母猪淘汰标准

项目	淘汰清单
发情	不发情或发情不明显的母猪
	6月龄未发情，经诱情（催情）处理无效的母猪
	270日龄从未发情的母猪
疾病	出现气喘、肠胃炎等疾病，经隔离治疗未康复的母猪
	有严重跛腿、消瘦、喘气、咳嗽等疾病治疗无效的母猪
	有生殖器官疾病（子宫炎），未治愈的母猪（未治愈前禁忌配种）
空怀流产	连续空怀（或返情）3次、流产2次且再配不上，未治愈的母猪

Ⅱ-6.4 后备母猪促发情措施

项目	操作清单
1. 公猪诱情	140～168日龄，每天2次（上、下午各一次），每次10～15分钟，辅助人工刺激
2. 适当运动	每周2次或2次以上运动，每次1～2小时
3. 疾病控制	喂料时看采食，清粪时看猪粪色泽，休息时看呼吸，运动时看肢蹄等
4. 转动效应	通过混群、调栏、转运，改变母猪环境（每2天调栏一次）
5. 发情母猪刺激	与发情母猪混群饲养
6. 饥饿处理	急剧断料24小时或限饲3～7天（每天1千克），保证充足饮水
7. 死精处理	每日向母猪鼻腔喷洒少量成年公猪精液
8. 激素处理	上述催情措施无效时母猪使用PG600等促排药物处理1～2次

检查清单：

1. 对于后备母猪促发情措施一般按照此表顺序采取措施，并慎用激素催情；

2. 公猪是母猪最好的催情剂，后备母猪必须保持与公猪充分的身体（口鼻）接触；

3. 诱情公猪与母猪隔离饲养，避免彼此厌恶，经常更换诱情公猪（每天2头）诱情效果更好；

4. 诱情公猪必须是气味较大、性欲强的成年公猪（9月龄以上），最好选用有规律参与配种的公猪（对母猪兴趣更强烈），尽量不用老龄公猪，老龄公猪的刺激效果可能没有预期的理想；

5. 有病及时治疗，无治疗价值的及时淘汰；

6. 做好夏天防暑降温工作；保持良好的环境卫生，及时清粪，搞好卫生，定期严格消毒。

Ⅱ-6.5 后备母猪发情判断

特征	检查清单
阴户	外阴红肿发热、潮红、外突，阴蒂肿大
分泌物	阴门分泌水样黏液，并由稀逐渐变黏稠
食欲	食欲不振，下降
精神状态	闹圈、烦躁不安、咬栏，并不时发出哼哼叫声
	眼神变呆，身体微颤，背部弓起
触摸表现	压背，静立不动
	触摸阴唇时，尾巴上翘，暴露阴门
接触公猪表现	呆立不动

检查清单：

1. 关注后备母猪初情期，必须严格做好发情记录，并分栏集中饲养管理；

2. 后备母猪发情记录表。

序号	耳号	出生日期	发情时间			
			1次	2次	3次	4次
1						
2						
……						

Ⅱ-6.6　后备母猪发情特点

特征	检查清单
发情周期	21天（范围18~24天）
发情表现	外阴表现明显，红肿程度更明显
持续时间（小时）	36~48小时（经产母猪46~53小时）
静立反射持续时间	15~30分钟
排卵时间	静立反射后17小时
持续时间	持续时间较长，可能持续3~4天，建议配种次数3次或以上
配种时机	静立表现8~12小时配种较宜（老配早、少配晚、不老不少配中间）

Ⅱ-6.7　后备母猪主要存在问题

问题	表现	原因
利用率低	肢蹄疾病（产后瘫痪）	选育、环境或营养不当
	屡配不孕或早期流产	霉菌毒素污染
	不发情或发情不明显	发情刺激不当
	难产率高（产后不食）	产道狭窄、产力不足、胎儿活力低
哺乳性能差	仔猪易患病（拉稀、黄白痢）	初乳抗体少
	奶水差	乳房发育不完善
	采食量低，断奶体重小	炎症、母猪个体小，采食潜力低
断奶发情不理想	发情间隔长，第二胎综合征	断奶后体况差
产仔性能差	死胎、木乃伊比例高	配前防疫不到位（疫苗剂量、间隔）

检查清单：

1．做好后备母猪选育（选种）工作；

2．科学饲喂，保持后备母猪适宜体况，避免过度肥胖或偏瘦；

3．减少霉菌毒素污染；

4．严格执行免疫程序；

5．有效的发情刺激措施；

6．加强后备母猪初产后的护理工作，避免采食低及无乳，减少二胎综合征。

4.4 配种妊娠母猪管理清单

Ⅲ-1 配种妊娠母猪饲养目标

项目	阶段	目标	目标体况（分）	目标背膘（毫米）
空怀配种母猪	断奶至配种	母猪体况快速恢复	2.5 ~ 3.0	16 ~ 18
		缩短发情间隔		
		提高排卵率		
		提高发情配种率		
妊娠母猪	妊娠第0 ~ 28天	提高胚胎存活率	2.5 ~ 3.0	16 ~ 18
		母猪体况恢复		
	妊娠第29 ~ 90天	母猪体况恢复与调整	3.0 ~ 3.5	18 ~ 20
	妊娠第91天至分娩	胎儿快速生长发育	3.5 ~ 4.0	21 ~ 23
		乳腺发育		
		分娩及泌乳体能储备		

检查清单：

1．重视母猪体况管理，并实时监控；

2．根据母猪体况调整饲喂量，保证母猪体况处于最佳生产状态；

3．体况监测方法：体况评分（触诊）、背膘测定（背膘仪）、称重或测腹围；

4．母猪体况评分应与背膘测定同时进行，可提高判定精确度；

5．体况的评分虽然带有主观性和不准确性，但是很重要，其价值在于让猪场工作员工凭感觉和观察去检查母猪，能够第一时间监测到母猪体重损失及掉膘情况并及时采取措施。

Ⅲ-2 配种妊娠母猪生产指标

项目	生产指标	目标
配种妊娠母猪	配种成功率或受胎率（%）	≥95
	断奶发情间隔（天）	<7
	断奶7天发情配种率（%）	≥85
	分娩率（%）	≥90
	每头母猪年产窝数	≥2.3
	异常母猪淘汰率（%）	>90
	返情率（%）	（21±3）天，≤10%（干预水平≥15%）
		>24天，≤3%（干预水平≥6%）
	非生产天数NPD（天/头/年）	<45
	母猪年更新率（%）	35 ~ 40
	母猪死亡率（%）	<2

（续）

项目	生产指标	目标	
窝产仔数	每头母猪窝产活仔数（头）	经产母猪＞11	
		初产母猪＞10.5	
	每头母猪年产活仔数（头）	＞25	
	死胎（%）	＜5	
	木乃尹率（%）	＜1.5	
	弱仔率（%）（＜800克）	＜5	
	仔猪初生均重（千克）	＞1.5	
	出生均匀性分布	＜1.2千克	＜10%
		＞1.5千克	＞50%
		1.2～1.5千克	约40%

检查清单：

1．淘汰是母猪最好的治疗，对于失去生产价值的母猪应坚决淘汰；

2．空怀母猪淘汰应在配种前进行，可提高配种分娩率及减少非必需生产天数；

3．仔猪的均匀性比出生平均重对提高猪场生产成绩更重要，均匀的体重分布对于猪场效益的提高是一个良好的开始；

4．重视仔猪初生重称重，可以帮助生产者了解仔猪出生情况，并采取相应的应对措施；

5．初生重低将增加哺乳期仔猪死亡率，降低断奶重，占用猪场更多管理资源和精力，降低猪场利润（初生重每增加100克，断奶前死亡率可能降低0.4%，断奶重可提高200克）。

Ⅲ-3 配种妊娠舍栏舍设施

项目	指标	要求
配种妊娠舍	建筑结构	钢结构全密封结构，天花板高度约2.45米，隔热屋顶材质；
	通道	纵向中间通道宽1.0～1.2米，两侧通道宽0.8米
通风系统	风机或风扇	正常运转，功率选择与栏舍跨度匹配
	卷帘布	PE材质，或者其他同等类型材料，厚度≥0.4毫米，每平方米重量≥250克
降温系统	水帘	面积与风机功率及栏舍构造匹配
		厚度为150毫米；5分钟自然吸水率≥60毫米；抗张力≥70牛顿；每立方米质量≥150克
	喷雾水管	正常运转，每栏上方设置1个，高约1.8米，每10头猪每头每分钟的喷雾量约0.0017立方米
栏位系统	空怀配种栏（米）	0.65×2.2×1.1
	妊娠定位栏（米）	0.7×2.2×1.1
	头均面积（米²）	约1.4
	妊娠后期每头母猪占地面栏面积（米²）	约3
	水泥地面	防滑粗糙水泥地面（或高压水泥地面砖），地面平整，忌坡度过大
饮水系统	饮水器	鸭嘴式饮水器，一栏一用，高65～75厘米
	每分钟水流速度（升）	2.0～2.5

检查清单：夏季采取横向通风，冬季采取垂直通风，其他季节采取横向+垂直通风。

Ⅲ-4　配种妊娠母猪营养

Ⅲ-4.1　妊娠母猪营养需求

项目	猪营养标准（2004）		NRC（2012）		推荐建议	
	妊娠前期	妊娠后期	妊娠＜90天	妊娠＞90天	妊娠＜90天	妊娠＞90天
每千克消化能（千卡）	2 903～3 046	2 998～3 046	3 388		3 100	3 300～3 350
粗蛋白质（%）	12.0～13.0	12.0～14.0	12.0～12.9		13.0～13.5	17.5～18.0
钙（%）	0.68	0.43～0.61	0.67～0.83		0.7	1.02～1.2
总磷（%）	0.54	0.16～0.23	0.25～0.31		0.4	0.72
有效磷（%）	0.32	0.38～0.49	0.52～0.62		0.35	0.42
赖氨酸（%）	0.46～0.53	0.48～0.53	0.39～0.61	0.55～0.80	0.58～0.62	0.95
蛋氨酸（%）	0.12～0.14	0.12～0.14	0.11～0.18	0.16～0.23	0.16～0.17	0.21～0.25
蛋氨酸+胱氨酸（%）	0.31～0.34	0.32～0.34	0.29～0.41	0.40～0.54	0.41～0.43	0.45～0.50
苏氨酸（%）	0.37～0.40	0.38～0.40	0.34～0.46	0.44～0.58	0.47～0.51	0.52～0.58

注：1. 猪营养标准（2004），各营养指标根据母猪配种体重、预计产窝仔数不同要求不一，配种体重越低，则营养需求越高；

2. NRC（2012），各营养指标根据母猪胎次、预计妊娠期增重、预计窝产仔数不同要求不一，胎次越低，营养需求相应更高；

3. 推荐建议，妊娠后期（妊娠超过90天）营养指标参考哺乳期母猪营养需求。

Ⅲ-4.2　配种妊娠母猪饲喂方案

母猪	阶段	每头每天饲喂量（千克）	饲料品种	目的
后备母猪	配种至妊娠28天	1.8～2.0	怀孕料	胚胎着床最大化
	妊娠29～90天	2.0～2.5	怀孕料	调膘
	妊娠91～112天	2.5～3.0	哺乳料	攻胎
	妊娠113天至分娩当天	2（分娩当天不喂）	哺乳料	顺利分娩，预防母猪出现子宫炎、乳房炎、无乳综合征
经产母猪	断奶至配种	自由采食（3.5千克以上）	哺乳料	短期优饲，提高排卵
	配种至妊娠28天	1.8～2.2	怀孕料	胚胎着床最大化
	妊娠29～90天	2.5～3.0	怀孕料	调膘
	妊娠91～112天	3.0～3.5	哺乳料	攻胎
	妊娠113天至分娩当天	2（分娩当天不喂）	哺乳料	顺利分娩，预防母猪出现子宫炎、乳房炎、无乳综合征

检查清单：

1. 妊娠母猪饲喂量，应根据饲料营养浓度、母猪体况、气候等而定，禁忌过度饲喂；

2. 对于哺乳期失重较多的母猪，妊娠早期适当提高饲喂量有助于提高生产成绩；

3. 妊娠4～12周按照母猪体况调整饲喂量，将母猪膘情调整至最佳状况；

4. 配种时母猪体况低于2.5分（或背膘低于14毫米）不宜配种。

Ⅲ-4.2.1 妊娠期饲喂不当对母猪生产性能的影响

因素	影响
过度饲喂	增加胚胎死亡（性激素增加、孕酮降低）
	影响乳腺发育（乳脂沉积）
	影响卵巢发育（脂肪化增加，发育受阻）
	影响泌乳期采食量（内分泌失调）
	难产率增加（仔猪过大）
	增加饲养成本
饲喂不足	断奶发情困难
	受胎率低下
	后续胎次产仔减少
	产后瘫痪率增加
	仔猪初生重小或不均匀

Ⅲ-4.3 配种妊娠母猪饮水控制

项目	指标	要求
饮水要求	每分钟水流量（升）	2.0～2.5
	每天饮水量（升）	15～20
	每千克饲料耗水量（升）	5～7
	饮水器高度（厘米）	65～75
	饮水器类型	鸭嘴式或水槽
水质要求	pH	5～8
	每升水中的大肠埃希氏菌数（个）	<100
	每升水中的细菌数（个）	<105

检查清单：

1. 高度重视妊娠母猪饮水，尤其是围产期及母猪发热时，必须保证或额外提供母猪充足的饮水；

2. 母猪采食量下降或出现便秘时，检查母猪饮水是否足够（水流、水质）。

Ⅲ-5 配种妊娠舍环境控制及生物安全

Ⅲ-5.1 配种妊娠舍环境控制

Ⅲ-5.1.1 配种妊娠舍温湿度控制

项目	温度（℃）	湿度（%）
适宜温湿度	18~21	60~70
控制范围	15~27	50~85

检查清单：

1．谁把握了猪场的温度，谁就控制了猪场的生产成绩；

2．关注配种妊娠舍内温湿度，每日监测记录不同时间段舍内、外温度；

3．温度控制重点阶段：配种至妊娠30天（影响受胎率和窝仔数）、妊娠85~110天（关系死产数）；

4．尽量减少配种妊娠舍的水冲次数，保持栏舍干爽，可避免母猪肢蹄疾病；

5．配种妊娠舍宜采用水帘降温、滴水降温方式，尽量减少喷雾降温；

6．夏季做好防暑降温，舍内温度不宜高于27℃，冬季做好防寒保暖；

7．秋季开始后，昼夜温差逐渐变大，发情及返情比例增加，应控制昼夜温差平稳。

Ⅲ-5.1.2 配种妊娠舍通风控制

指标	季节	要求
每秒风速（米）	冬、春、秋季	0.3
	夏季	1.5~1.8
通风换气量［米³/（小时·千克）］	冬季	0.30
	春、秋季	0.45
	夏季	0.6

注：表中的风速是指所在位置猪体高度的夏季适宜和冬季最大值，在舍内温度大于28℃时风速可酌情加大，但每秒风素不宜大于2米。

Ⅲ-5.1.3 配种妊娠舍有害气体控制

指标	要求
每立方米气体中的氨气浓度（毫克）	≤25
每立方米气体中的硫化氢浓度（毫克）	≤10
每升气体中的二氧化碳浓度（毫克）	≤1 500
每立方米气体中的粉尘浓度（毫克）	≤1.5
每立方米气体中的有害微生物数量（万个）	≤6

Ⅲ-5.1.4 配种妊娠舍光照控制

项目	栏舍	要求
光照时间（小时）	配种舍	16~18（6~8小时黑暗）
	妊娠舍	14~16
光照强度（勒克斯）	配种舍	300~350
	妊娠舍	200~250

检查清单：

1. 定期对灯泡进行检修、清理，保证光照时间及强度，尤其是配种舍；

2. 配种舍灯泡需安装在限位栏母猪头部上方，能够直接照射母猪眼部，有助于母猪发情；

3. 对于青年母猪，建议照明时间延长，即明暗比为17：7；

4. 建议使用白色荧光灯（100瓦），保持舍内光照均匀，距地面1.8~2.0米，间距3米设计为宜；

5. 350勒克斯光照，足以很方便阅读报纸。

Ⅲ-5.2 配种妊娠母猪生物安全

Ⅲ-5.2.1 配种妊娠母猪霉菌毒素控制

霉菌毒素种类	每吨饲料中最高允许限量（克）
黄曲霉素	<20
呕吐霉素	<1 000
玉米赤霉烯酮	<500
赭曲霉毒素A	<100
T2	<1 000

Ⅲ-5.2.1.1 配种妊娠母猪霉菌毒素影响

猪种	影响
空怀母猪	黄体持续发育，呈现假妊娠现象
	断奶至发情间隔延长
	发情终止、假发情或重复发情
	直肠脱垂、子宫脱落
	阴门充血肿大、子宫肿胀
	影响排卵、甚至不排卵以致不孕
妊娠母猪	外阴红肿
	流产
	死胎、木乃伊、畸形仔（八字腿）、弱仔数增加
	霉菌毒素透过胎盘进入胎儿体内，引起新生仔猪阴户红肿、假发情等

检查清单：

1. 关注母猪霉菌毒素污染；

2. 霉菌毒素主要来源于饲料、原料（玉米、麸皮等），应做到实时监控、检测；

3. 保持栏舍尤其是料槽清洁卫生，料槽积压的饲料应及时清理；

4. 注意饲料及原料的存放，避免雨水及暴晒；

5. 尽量少使用花生粕。

Ⅲ-5.2.2 配种妊娠母猪免疫参考程序
Ⅲ-5.2.2.1 普免参考程序

免疫时间	疫苗名称	免疫剂量	免疫方式
1月、5月、9月	猪瘟弱毒疫苗	2头份	强制免疫
2月、6月、10月	口蹄疫疫苗	2毫升	强制免疫
3月、7月、11月	伪狂犬病基因缺失疫苗	2头份	强制免疫
3月、7月	乙型脑炎弱毒疫苗	2头份	强制免疫
4月、8月、12月	蓝耳病灭活疫苗	2头份	强制免疫
4月、8月、12月	萎缩性鼻炎疫苗	1头份	选择免疫

Ⅲ-5.2.2.2 按生产周期免疫参考程序

免疫时间	疫苗名称	免疫剂量	免疫方式
产前45天	传染性胃肠炎-流行性腹泻二联疫苗	1头份	选择免疫
产前40天	K88/K99大肠埃希氏菌疫苗	2头份	选择免疫
产前20~25天	传染性胃肠炎-流行性腹泻二联疫苗	1头份	选择免疫
产前15天	K88/K99大肠埃希氏菌疫苗	2头份	选择免疫
产前14天或产后14天	细小病毒病疫苗	2毫升	选择免疫
产后21天或断奶时	猪瘟弱毒疫苗	4头份	强制免疫

注：免疫程序应根据本场实际生产情况而定。

Ⅲ-5.2.3 配种妊娠母猪驱虫方案

项目	要求
驱虫时间	跟胎驱虫：产前2周
	全群普驱：每年2月、5月、8月、11月全场统一安排驱虫
驱虫周期	5~7天
驱虫方式	体内、外同时驱虫
驱虫药物首选	体内：伊维菌素（预混剂、针剂）
	体外：双甲脒等

注：对于寄生虫感染严重的猪场，需要加强驱虫，体内外驱虫需同时进行。

Ⅲ-5.2.4　妊娠母猪参考保健方案

阶段	参考方案	目的
妊娠第1～7天	利高霉素	抗菌消炎、防流保胎
妊娠第30～36天	鱼腥草	清热解毒
妊娠第60～66天	穿心莲或清肺散	清热解肺
妊娠第92～98天	大黄苏打	调整胃肠功能、防止便秘
妊娠第105～112天	利高霉素	抗菌消炎

注：　1．保健方案根据猪场母猪群体具体健康程度确定；
2．母猪转群时，添加维生素C（饮水或饲料）减缓母猪应激发生。

Ⅲ-6　配种妊娠母猪饲养管理

Ⅲ-6.1　猪场理想母猪群胎龄结构

胎龄	目标比例（%）	适宜结构（%）
0	17	33
1	16	
2	15	51
3	14	
4	12	
5	10	
6	9	16
7	7	

检查清单：
1．合理做好猪场母猪淘汰计划（每月/每周）；
2．均衡的猪群结构有利于猪场生产效率及资源利用最大化；
3．坚决淘汰老龄化、无治疗和使用价值的母猪；
4．避免母猪早期过多淘汰，早期过多淘汰会导致猪群结构的改变，最终会影响窝产仔数；
5．保持足够的成熟的3～6胎母猪群体数量，可保持母猪群体免疫水平处于合理水平。

Ⅲ-6.2 母猪（经产）淘汰标准

问题	淘汰清单
不发情	断奶后30天不发情，或5胎以上断奶后10天不发情母猪
返情（空怀）	连续空怀（或返情）三次的母猪
流产	连续两次流产且配不上的母猪
产仔异常	2～3胎：两次平均产活仔数小于8头
	4～6胎：近两次平均活仔数小于10头，或总平均活仔数小于9头
	7胎以上：返情或上次产仔数小于10头
疾病	肢蹄问题严重（裂蹄、瘫痪）母猪
	患传染性疾病，无治疗价值母猪

检查清单：

1. 对于猪场母猪最好的治疗就是淘汰，母猪淘汰工作最好在配种前完成；
2. 一胎母猪不能根据产仔数进行淘汰；
3. 健康母猪保留时间越长越好，但在繁殖性能下降的时候就应该淘汰。

Ⅲ-6.3 母猪日常饲养管理检查清单

检查清单	正常表现	异常表现
采食	母猪安静	假咀嚼、不安（采食不足）
饮水器	每分钟水流量（升）充足（>2.5）	烦躁、尿液深色（饮水不足）
温度（℃）	15～22	蜷缩或呼吸急促（过低或过高）
被毛	光滑、顺畅、无疥螨	杂乱
行走	肢蹄正常表现	裂蹄、关节肿大、跛行
外伤	无明显外伤	出现伤情
体况	符合体况标准	肥胖或消瘦（饲喂不当）
粪便	湿润呈堆	便秘
呼吸频率	平缓	急促（疾病、发烧）
躺姿	平躺，腿向外伸展	腹卧、侧卧、坐着、弓背

注：及时发现异常情况，及时挽救，减少不必要的损失。

Ⅲ-6.4 母猪体况评分与管理

项目	1分	2分	3分	4分	5分
脊柱	明显可见	手摸感觉明显	稍微用力可感觉	较大力可感觉	很难摸到
尾根周围	有深凹	有浅凹	没有凹	没有凹，有脂肪层	看不见尾巴周围凹陷区
盆骨	明显可见	可看见，但不明显	看不见，没感觉到	需用力按才感觉到	按不到
对应背膘	<15	15~17	17~20	20~23	>23

检查清单：

1. 尽管母猪体况评分存在一定的不精确性和主观性，但可以帮助猪场快速发现母猪体况变化程度；

2. 实时监测母猪体况，不同阶段母猪体况要求不同，应根据母猪体况调整饲喂量；

3. 配种妊娠阶段最好每周监测（或定点监测，在配种时、妊娠第30天、妊娠第70天、分娩前等进行）；

4. 调整母猪体况均匀一致性，符合生产效益最大化要求；

5. 淘汰体况差异大的母猪，有利于生产性能整齐，减少不必要的饲料等资源浪费。

Ⅲ-6.5 母猪发情配种管理

Ⅲ-6.5.1 空怀（后备）母猪查情操作清单

项目	操作清单
确定母猪	查看母猪档案卡，确定要查情的母猪（集中饲养）
查情五步法	赶公猪进栏（后备母猪）或公猪在过道与母猪充分接触（经产母猪），观察母猪表现，重点关注对公猪有反应的母猪，按查情五步法对重点母猪进行查情
	①公猪与母猪口鼻接触
	②按摩母猪乳房或腹侧肋部或用膝盖顶住母猪的侧腹股沟
	③握拳按摩母猪阴户
	④对母猪腰荐部进行按压
	⑤人倒骑在母猪背上
记录	确定发情静立母猪，注意观察发情前期母猪，并做好记录，下次查情重点关注
同期饲养	准确记录发情后备母猪，做同期饲养，即将同一时期发情的同情期母猪合圈饲养，便于管理和节省人力
配种时间推断	确定发情母猪产生静立，根据母猪类型和断配间隔计算母猪准确配种时间

Ⅲ-6.5.1.1　母猪查情检查清单

编号	检查清单
1	查情必须赶公猪，公猪通过气味、接触、声音给母猪信号，刺激母猪初情启动，表现更明显的静立反应，配种时刺激子宫收缩
2	注意人身安全：饲养人员要有挡猪板、不对公猪做过激行为
3	查情要使用性欲较强的公猪（成年公猪），但年龄也不能太大，体重也不能过重（对母猪是负担），否则性欲可能推迟
4	查情公猪需与母猪隔离饲养
5	早晚各查情一次，每次查情最好更换查情公猪，可提高查情效率
6	如果有风，需要从下风向开始查情，降低对下一头查情母猪的影响
7	切忌一开始就压母猪背部，而应该效仿公猪（五部查情法）
8	公猪爬跨后备母猪要及时制止
9	保证查情公猪每2周左右交配一次，对保持公猪性欲及兴奋性很重要
10	对护理母猪不查情
11	重点关注快到第三情期的后备母猪，做到及时配种
12	多头公猪同时查情可提高效率（注意公猪每次查情的母猪头数，不能超过4头，否则对查情效果会有影响）
13	查情最佳时间为喂料后30分钟母猪开始安静时进行为好

Ⅲ-6.5.2　空怀母猪发情鉴定

阶段	检查清单
发情前期	兴奋不安，对周围环境敏感，但不接受爬跨
	外阴轻微红肿，颜色变深（由淡红色变为红色），初产母猪更明显
	阴道分泌黏液，黏度逐渐增加
发情期	按腰不动，表现静立，接受爬跨
	阴部红肿明显，红色开始减退
	分泌物变浓厚、黏度增加
发情后期	阴户完全恢复正常，不允许公猪爬跨

Ⅲ-6.6　空怀母猪催情方案

项目		操作清单
公猪催情		将待配母猪关在邻近公猪的栏中饲养
		让成年公猪在待配母猪栏中追逐5~10分钟（后备母猪）或3~5分钟（经产母猪）
适度刺激	发情母猪刺激	将不发情母猪与刚断奶母猪混栏饲养，相互爬跨有利于刺激排卵
	混栏	每栏放5头左右，要求体况及体重相近，每日用公猪催情
	移栏	将母猪栏位移动
	运动	一般放到专用的运动场（1天），有时间可作适当的驱赶
	饥饿	对于肥胖母猪，适当控料3~5天（日喂1千克左右），保证充足饮水，然后自由采食

（续）

项目		操作清单
环境	温度控制	保持哺乳舍与配种舍温差很小（相近）
	光照控制	分娩舍和配种舍保证充足光照（每天光照时间超过16小时，200勒克斯）
激素催情	PG600	后备母猪超过8.5月龄或母猪断奶后长时间（28天）不发情母猪，用PG600等催情一次（慎用）

检查清单：

1. 催情公猪必须是性欲强、气味重的成熟公猪，建议经常更换催情公猪；
2. 公猪催情，必须注意时间的把握，时间过长既对母猪造成伤害，也影响公猪性欲及以后配种；
3. 母猪断奶后前3天每头母猪每天给予100～150克葡萄糖，对断奶母猪发情有利；
4. 断奶母猪快速发情要素：①配种舍环境（温度）与分娩舍相近（相差很小）；②断奶当天开始，公猪每天出现在母猪面前30分钟；③充足的光照（16小时）（断奶前1周、配种舍）；④适宜的体况，否则下一胎容易出现综合征；⑤断奶后充足的采食（自由采食），必要时添加催情药物；⑥减少不必要的应激，强应激或长期应激对母猪排卵不利；⑦断奶后，不建议群养（避免应激），应限位栏饲养。

Ⅲ-6.7 配种管理

Ⅲ-6.7.1 配种时机的把握

母猪种类	发情静立时间	配种
后备母猪/超期母猪（断奶时间大于7天）/返情母猪	上午	当次上午至下午
	下午	当次下午至次日上午
经产母猪（3～7天）	上午	当日下午至次日上午
	下午	次日上午至次日下午

注：后备母猪往往发情表现不明显，很难找到静立反应，容易错过发情配种最佳时机。

Ⅲ-6.7.2 配种前检查

项目		检查清单
母猪表现	健康	健康状况良好（不会太瘦、没有脚痛症状、不生病）的母猪，过瘦、肢蹄疼痛或发病母猪，必须先完全正常或治愈后才能够进行配种，以便降低母猪配种后的淘汰率，因为这会影响到分娩率及产仔数
	稳定	必须表现稳定，不稳定（或不明显）的母猪不配
配种要求	判断	重要指标是阴户的颜色。当阴户内侧的深红色刚刚消失，并且不再出现，同时母猪可在公猪前呆立2分钟，此时即是输精的最佳时机
		由于部分后备（初产）母猪发情静立反射不明显，因此应以外阴颜色、肿胀度、黏液变化来综合判断适配时间，静立反射仅作参考
	异常	超期发情（≥8.5月龄）母猪、激素处理的母猪、断奶后大于等于7天发情的母猪及空怀、返情的母猪，发情即配
		母猪流产后10天内发情不能配种，应推至第二情期配种
	次数	尽量减少3次配种，目的是：①增加伤害母猪生殖道机会；②伤害正在熟化的精子
		若第3次配种时，母猪还是有静立反应，那么要求这些母猪要配种3次；若母猪在第3次配种时，已经开始不稳定，那么这些母猪只需要配种2次就够了

Ⅲ-6.7.3 配种前准备

项目		准备清单
时间选择	配种时机	选择凉爽天气进行，高温时配种应选择7：00前、17：00后进行
		发情后8～12小时
公猪刺激	成年公猪	性欲旺盛，气味较浓，配种前公猪站在待配母猪前面（引起输精时子宫收缩）
		要求：每头公猪配4～5头母猪，有两个配种员，有隔板
用具准备	输精管选择	经产母猪：海绵头输精管
		后备母猪：尖头输精管
	其他用具	润滑剂、针头、毛巾、一次性卫生纸、刷子、消毒液、压背沙袋或配种架等
		将所有配种用具置于同一手推车内，便于随时使用
人员准备	人员要求	配种经验熟练，态度端正
	消毒	不留指甲，配种前手用消毒液洗清消毒
精液准备	首配精液选择	新鲜精液
	复配精液	3天内精液
	精子活力检查	活力低于0.65的精子弃用
	精液运输	保温箱保存（17℃），轻拿轻放，忌激烈振荡

Ⅲ-6.7.4 配种操作

Ⅲ-6.7.4.1 子宫颈输精法操作

项目	步骤	操作清单
输精过程	刺激母猪	输精前用五步法对母猪进行刺激
	母猪清洗	用清水清洗母猪外阴与后躯，清洗顺序以内向外擦拭，注意纸巾卫生，以防污染；纸巾要一次性使用，不可多次反复拭擦
	输精管处理	手不准接触输精管前部2/3，并涂上对精子无害的润滑剂（中性）
	插输精管	左手撑开外阴（食指、中指垫在阴户底部，拇指与无名指将外阴撑开），先斜下45度插入，再斜上45度避开尿道口，逆时针推入直到遇到较大阻力轻轻回拉有阻力即可，检查输精管是否锁定
	取精液瓶	取出对应公猪精液，输精前将精液轻混匀
		带到配种舍的精液必须当次用完（用前需计算好需要量）
	排空气	倒骑母猪背上（或压背），不时按摩母猪乳房、阴户，轻压输精瓶，将输精管中空气排尽
	扎孔	用一次性针头斜向上45度于瓶底扎孔（防止针头接触精液致污染），先用手指摁住针孔
	输精时间	放平输精瓶，松开手指，观察精液流速调整精液瓶高度，控制输精速度（以3～5分钟输完为宜），期间不断刺激母猪敏感部位
	输精完成后	将钉帽插入输精管尾部，将输精管尾部末端折入输精瓶中，持续按摩母猪背部
输精后续处理	配种记录	每配完一头母猪，立即登记，如实评分（见输精评分表），标注异常
	清理输精管	配种结束后（或3～5分钟）将输精管顺时针轻拔出，集中收集处理
	配种完成后	确保母猪安静、平和，提供充足的光照及适宜的温度

（续）

项目	步骤	操作清单
特殊处理	成绩较差时	第一次输精前3~5分钟颈部肌内注射一次催产素20国际单位
	配种后仍静立反应时	个别猪输精完后24小时仍出现稳定发情，可再进行一次人工授精
	排尿时	及时更换输精管
	排粪时	禁止向生殖道推进输精管

Ⅲ-6.7.4.2　子宫深部输精法操作

项目	步骤	操作清单
输精过程	输精环境	自然发情的母猪在放松状态下输精，并保持环境安静
	母猪清洗	用清水清洗母猪外阴与后躯，清洗顺序以内向外擦拭
		注意纸巾的卫生，要防污染；纸巾要一次性，不可多次反复拭擦
	输精管处理	手不准接触输精管前部2/3，并涂上对精子无害的润滑剂（中性）
	插输精管	左手撑开外阴（食指、中指垫在阴户底部，拇指与无名指将外阴撑开），先外管斜下45度插入，再斜上45度避开尿道口，逆时针推入直到遇到较大阻力轻轻回拉有阻力即可；检查输精管是否锁定；当外管插入到子宫颈口2~3厘米，被锁住不能深插时，再将内软管前伸约10厘米（深部输精管可以深入15厘米），共计深入12~13厘米
	取精液瓶	取出对应公猪精液，输精前将精液轻混匀
		带到配种舍的精液必须当次用完（用前需计算好需要量）
	输精时间	当输精管在母猪体内停留2~4分钟后开始用力挤压输精瓶，使橡胶软管向子宫内翻出，穿过子宫颈而将精液导入子宫体内。输精时，输精管需保持稳定，以免刺激母猪
输精后续处理	配种记录	每完成一头母猪配种，立即登记，并标注异常
	清理输精管	配种结束后（或3~5分钟）将输精管顺时针轻拔出，集中收集处理
	配种完成后	确保母猪安静、平和，提供充足的光照及适宜的温度

Ⅲ-6.7.5　配种操作评分

指标	评分		
	1分	2分	3分
站立发情	差	一些移动	几乎没有移动
锁住程度	没有锁住	松弛锁住	牢固紧锁
倒流程度	严重倒流	轻微倒流	几乎无倒流

检查清单：

1. 输精评分的目的在于如实记录输精时具体情况，便于以后在返情失配或产仔少时查找原因，制定相应的对策及改进措施；
2. 配种操作评分表（例）。

与配母猪	日期	首配精液	评分	二配精液	评分	三配精液	评分	输精员	备注
LY2014	8月4日	D321	333	D123	321	D432	323	XXX	
……									
……									
……									

具体评分方法：例如一头母猪站立反射明显，几乎没有移动，输精管持续牢固紧锁，精液有一些倒流，则此次配种的输精评分为332，不需求和。

Ⅲ-6.8 配种母猪妊娠鉴定

项目	要求
诊断目的	确定是否妊娠，减少母猪非生产天数
诊断方式	B超仪
诊断时间	配种后第（21±3）天、（42±3）天、（63±3）天、（84±3）天

检查清单：

1. 重视妊娠诊断，降低空怀率，返情降低33%可使窝产仔数提高0.3头；
2. 配种后，尤其配种后28天内，给母猪提供安静、平和的环境非常重要；
3. 配种后约18天开始，每天用公猪查情2次，标记并重点关注出现发情表现的母猪；
4. 尽早确定空怀母猪，减少非必需生产成本；
5. 返情（规律性返情）主要发生在配种第18～24天，其次在妊娠36～48天或56～68天。

Ⅲ-6.9 母猪成功妊娠影响因素分析

因素	原因	检查清单
查情配种员	催情措施	关注并重视人员因素对配种妊娠的影响
	发情检查	配种员要求技术熟练、操作规范、态度端正
	输精时间把握	
	输精技术	
公猪	精液质量	关注公猪舍环境、公猪健康、营养等（慎用老龄或过于年轻公猪）
	精液处理、储存	规范精液处理与储存方法、避免与敏感因子接触（消毒）
母猪	母猪体况差	保持母猪体况适宜（避免哺乳期掉膘严重）
	应激（温度、移动）	确保母猪安静、平和，提供适宜的温度
	疾病（发烧）	关注母猪健康，及时处理（注意药物禁忌），免疫保健
	光照（时间、强度）	保证母猪充足的光照时间和强度

Ⅲ-6.10 胚胎着床影响因素分析

	因素	检查清单
饲料	采食量	配种至妊娠第28天，采食量控制1.8～2.0千克
	营养浓度	每千克饲料的营养浓度控制：DE 13.5兆焦，CP 13.0%，禁忌能量过高补充青绿饲料
环境	温度	保持配怀舍温度适宜：15～22℃，防止慢性热应激
	应激	保持配种母猪环境安静，避免移动
霉菌毒素	玉米赤霉烯酮等	控制霉菌毒素污染，防止破坏雌激素与孕激素的平衡
其他因子	饮水	保证供应充足（每分钟水流量大于2升）、干净的饮水，注意水温过高

检查清单：

1. 所有的控制点就是维持孕酮和雌激素水平；

2. 提高孕酮措施一：配种后第2～3天注射复方黄体酮1毫升（内含黄酮2毫克），并于第12～13天重复一个疗程；

3. 提高孕酮措施二：配种之日起每周注射228毫克β-胡萝卜素，可提高着床率，添加酵母、硒和维生素E、有机铬可降低胚胎死亡和流产。

Ⅲ-6.11 母猪产仔数和返情影响因素分析

因素	原因	检查清单
排卵	卵子少或质量差	提高母猪配种前营养浓度（短期优饲）、防止哺乳期掉膘
受精	受精不佳	核查配种员工作或公猪状况
胚胎死亡（0～35天）	疼痛或瘸腿	疼痛释放前列腺素引起黄体开始融解，威胁妊娠
	转运应激	确保母猪安静、平和，尤其配种后前30天
	喂料应激	定点喂料、控制喂料量，增加饱腹感（纤维）
	疥螨	保持母猪零疥螨，疥螨易使母猪烦躁不安
	环境不良	保持环境舒适，防止热应激（15～22℃）
胎儿死亡（35天以后）	子宫内空间不足	胎儿过大、过多
	疾病（发烧）	及时治疗，持续时间越长越危险

检查清单：

1. 关注饲料霉菌毒素超标问题（玉米、麸皮等）；

2. 返情最主要的原因在于受精管理差（人为因素最主要），重视人员因素。

Ⅲ-6.12 其他异常情况分析

项目	原因	检查清单
屡配不孕	排卵障碍	用促排或HCG处理，促进排卵（或卵巢囊肿用黄体酮处理一次，下次发情再配）
	子宫炎症	先治疗，下次发情再配
流产	疾病	乙型脑炎病毒、细小病毒、弓形虫等感染，加强疫苗免疫
	用药	怀孕期间超剂量使用地米、安乃近等药物
	饲料霉变	禁饲喂腐败、发霉变质饲料
	机械性损伤	撞击、跌倒、打架等机械性损伤
	饲养管理不当	过度肥胖、长期便秘等
乏情	季节性影响	高温高湿天气，卵巢的机能受抑制，发情多出现延迟（夏季做好防暑降温工作）
	胎龄	多见于初产母猪
	膘情	哺乳期母猪掉膘严重，将明显影响发情（加强哺乳期母猪营养，保持合理膘情）
	饲养管理不当	断奶母猪及后备母猪配种前15天应自由采食
	疾病/炎症	子宫炎、流脓

检查清单：

1. 对于无治疗价值的母猪，尽量在配种前淘汰；

2. 不孕存在一定的季节性，与温度、光照等因素有一定关系，常发生在夏季与秋季；

3. 夏季不孕，重点关注高温对公猪的影响。

Ⅲ-6.13 母猪预产期推算表

日/月	1	2	3	4	5	6	7	8	9	10	11	12
1	4–25	5–26	6–23	7–24	8–23	9–23	10–23	11–23	12–24	1–23	2–23	3–25
2	4–26	5–27	6–24	7–25	8–24	9–24	10–24	11–24	12–25	1–24	2–24	3–26
3	4–27	5–28	6–25	7–26	8–25	9–25	10–25	11–25	12–26	1–25	2–25	3–27
4	4–28	5–29	6–26	7–27	8–26	9–26	10–26	11–26	12–27	1–26	2–26	3–28
5	4–29	5–30	6–27	7–28	8–27	9–27	10–27	11–27	12–28	1–27	2–27	3–29
6	4–30	5–31	6–28	7–29	8–28	9–28	10–28	11–28	12–29	1–28	2–28	3–30
7	5–1	6–1	6–29	7–30	8–29	9–29	10–29	11–29	12–30	1–29	3–1	3–31
8	5–2	6–2	6–30	7–31	8–30	9–30	10–30	11–30	12–31	1–30	3–2	4–1
9	5–3	6–3	7–1	8–1	8–31	10–1	10–31	12–1	1–1	1–31	3–3	4–2

（续）

日/月	1	2	3	4	5	6	7	8	9	10	11	12
10	5-4	6-4	7-2	8-2	9-1	10-2	11-1	12-2	1-2	2-1	3-4	4-3
11	5-5	6-5	7-3	8-3	9-2	10-3	11-2	12-3	1-3	2-2	3-5	4-4
12	5-6	6-6	7-4	8-4	9-3	10-4	11-3	12-4	1-4	2-3	3-6	4-5
13	5-7	6-7	7-5	8-5	9-4	10-5	11-4	12-5	1-5	2-4	3-7	4-6
14	5-8	6-8	7-6	8-6	9-5	10-6	11-5	12-6	1-6	2-5	3-8	4-7
15	5-9	6-9	7-7	8-7	9-6	10-7	11-6	12-7	1-7	2-6	3-9	4-8
16	5-10	6-10	7-8	8-8	9-7	10-8	11-7	12-8	1-8	2-7	3-10	4-9
17	5-11	6-11	7-9	8-9	9-8	10-9	11-8	12-9	1-9	2-8	3-11	4-10
18	5-12	6-12	7-10	8-10	9-9	10-10	11-9	12-10	1-10	2-9	3-12	4-11
19	5-13	6-13	7-11	8-11	9-10	10-11	11-10	12-11	1-11	2-10	3-13	4-12
20	5-14	6-14	7-12	8-12	9-11	10-12	11-11	12-12	1-12	2-11	3-14	4-13
21	5-15	6-15	7-13	8-13	9-12	10-13	11-12	12-13	1-13	2-12	3-15	4-14
22	5-16	6-16	7-14	8-14	9-13	10-14	11-13	12-14	1-14	2-13	3-16	4-15
23	5-17	6-17	7-15	8-15	9-14	10-15	11-14	12-15	1-15	2-14	3-17	4-16
24	5-18	6-18	7-16	8-16	9-15	10-16	11-15	12-16	1-16	2-15	3-18	4-17
25	5-19	6-19	7-17	8-17	9-16	10-17	11-16	12-17	1-17	2-16	3-19	4-18
26	5-20	6-20	7-18	8-18	9-17	10-18	11-17	12-18	1-18	2-17	3-20	4-19
27	5-21	6-21	7-19	8-19	9-18	10-19	11-18	12-19	1-19	2-18	3-21	4-20
28	5-22	6-22	7-20	8-20	9-19	10-20	11-19	12-20	1-20	2-19	3-22	4-21
29	5-23		7-21	8-21	9-20	10-21	11-20	12-21	1-21	2-20	3-23	4-22
30	5-24		7-22	8-22	9-21	10-22	11-21	12-22	1-22	2-21	3-24	4-23
31	5-25		7-23		9-22		11-22	12-23		2-22		4-24

注：预产期以妊娠114天为计算。

4.5 哺乳母猪管理清单

IV-1 哺乳母猪饲养目标

项目	指标	目标
母猪采食量最大化	哺乳期（25天）总采食量（千克）	>160
	哺乳期日均采食量（千克）	>6
维持母猪良好体况	断奶体况（分）	2.5～3.0
	断奶背膘厚P2（毫米）	17～19
	哺乳失重（千克）	<10
	哺乳背膘损失（毫米）	<4
仔猪断奶重及存活率最大化	25日龄断奶时每头仔猪重量（千克）	>7.5
	存活率（%）	>96

注：1. 母猪高产就意味着高利润；
2. 优秀的生产成绩从产房开始。

IV-2 哺乳母猪生产指标

指标	目标
仔猪成活率（%）	>95
转保仔猪合格率（%）	>94.5
母猪哺乳日龄	21～25日龄
断奶仔猪均重（千克）	21日龄仔猪>6.5
	25日龄仔猪>7.5
母猪早断率（%）	≤3.0
PSY（头）	>24

检查清单：

1. 母猪产后子宫恢复好，可以再次使用时至少需要3周，因此在21天前断奶并不明智；

2. 关注仔猪的初生重，初生重直接影响仔猪在哺乳期的存活率、断奶重及整个生长周期的饲料利用率；

3. 不要过早使用前列腺素进行催产，临产前胎儿每天增重高达60克对仔猪成活率非常重要。

Ⅳ-3 哺乳母猪舍栏舍设施

项目	指标	要求
分娩舍	建筑结构	钢结构全密封结构，猪舍天花高度约2.45米，隔热屋顶材质
	通道	纵向中间通道宽1.0～1.2米，两侧通道宽0.8米
通风系统	风机或风扇	正常运转，功率选择与栏舍跨度匹配
	卷帘布	PE材质，或者其他同等类型材料，厚度大于等于0.4毫米，每平方米重量大于等于250克
降温系统	风机或风扇	正常运转，风机转速与产房构造相匹配，垂直通风
	水帘	面积与风机功率及栏舍构造匹配
		厚度为150毫米；5分钟的自然吸水率大于等于60毫米；抗张力大于等于70牛顿；每立方米的质量大于等于150克
	滴水管	正常运转，安装于母猪头颈部位置
栏位系统	产床	面积（米²）：3.5～4.2
	（高架漏缝）	长（米）×宽（米）×高（米）：2.5×1.8×0.5
	漏缝地板	母猪地板：铸铁材质
		仔猪地板：PVC塑料漏缝板
	保温箱	保温地板（35毫米的PVC板）、保温灯等设施
饮水系统	自动饮水器	母猪：大号碗式饮水器，高65～75厘米
	（每栏2个）	仔猪：小号碗式饮水器，高10～15厘米
	每分钟水流量（升）	母猪：2.5～3.0
		哺乳仔猪：0.5～1.0
	保健桶	清洁干净（定时清理），容积约100升

检查清单：

1. 各季节均采取垂直通风；
2. 夏季开启水帘，新鲜空气降温；冬季关闭水帘，新鲜空气直接进入；新鲜空气由天花小窗进入猪舍，污气由风机抽走。

Ⅳ-4 哺乳母猪营养

Ⅳ-4.1 哺乳母猪营养需求

项目	猪营养标准（2004）	NRC（2012）	推荐建议
每千克消化能（千卡）	3 297	3 388	3 300～3 350
粗蛋白质（%）	17.5～18.0	16.3～19.2	17.5～18.0
钙（%）	0.77	0.60～0.80	1.02～1.2
总磷（%）	0.62	0.54～0.65	0.72
有效磷（%）	0.36	0.26～0.33	0.42

（续）

项目	猪营养标准（2004）	NRC（2012）	推荐建议
赖氨酸（%）	0.88～0.94	0.83～1.00	0.95
蛋氨酸（%）	0.22～0.24	0.23～0.27	0.21～0.25
蛋氨酸+胱氨酸（%）	0.42～0.45	0.46～0.55	0.45～0.50
苏氨酸（%）	0.56～0.60	0.56～0.67	0.52～0.58

注：1．猪营养标准（2004），各营养指标考虑母猪分娩时体重、哺乳期失重、带仔数等，对于哺乳期失重与带仔数较多母猪，营养需求相应增加；

2．NRC（2012），考虑母猪胎次、产后母猪体重、窝产仔数及仔猪预计日增重等，各营养指标相应不一。

Ⅳ-4.2 哺乳母猪饲喂参考方案

分娩时间	每天饲喂量（千克）	参考标准	饲喂方式
分娩当天	1.0或不喂		适当控料，逐
第2天	2.0～2.5		步增加
第3天	3.0～3.5		
第4天	4.0～4.5		
第5天	5.0～6.0		
第6天至断奶	6.0～8.0	经产母猪：2.0+0.5×带仔数（每天7～8千克）	5.0千克+
		初产母猪：1.5+0.45×带仔数（每天6～7千克）	自由采食

检查清单：

1．根据母猪预产期，对母猪做好标识，便于饲养员观察及喂料管理；

2．分娩后前5天逐渐增加饲喂量：母猪处于产后恢复阶段，食欲较差；防止母猪过度饲喂，增加仔猪消化性腹泻；

3．断奶当天，母猪按照正常饲喂和饮水，不建议减料，尤其是对于失重较大的母猪；

4．每天都要检查一遍待产母猪的健康状况，如果发现母猪有生病症状必须马上治疗；同时要注意母猪喘气的问题，因为母猪喘气会导致死胎数增加、母猪没有奶水、产后子宫炎等；

5．必须保证母猪足够的采食量，尤其是饮水足够（1头3周龄仔猪每天约需要1升猪乳，1升猪乳含约70克脂肪、52克蛋白质及55克乳糖，母猪每天分泌10～12升乳汁）。

Ⅳ-4.3 哺乳母猪饮水控制

项目	指标	要求
饮水要求	每分钟水流量（升）	2.5～3.0（仔猪：0.5～1.0）
	每天饮水量（升）	18～30
	每千克饲料耗水量（升）	6～8
	饮水器高度（厘米）	65～75（仔猪：10～15）
	饮水器类型	母猪：大号碗式自动饮水器
		仔猪：小号碗式饮水器

（续）

项目	指标	要求
水质要求	pH	5~8
	每升水中的大肠埃希氏菌数（个）	<100
	每升水中的细菌数（个）	<105

检查清单:

1. 高度重视母猪饮水，饮水不足直接降低母猪采食量;

2. 定期检查饮水管线及水压，保持母猪饮水器适宜的水流量;水流过大影响舍内湿度，容易产床潮湿及仔猪腹泻;水流过小将导致母猪饮水不足;

3. 寒冷季节猪饮水的适宜温度为:哺乳母猪25~28℃，哺乳仔猪35~38℃;

4. 产房（产床）干燥对产房的饲养管理非常重要，建议哺乳舍使用防溅碗式饮水器，可减少母猪戏水造成的栏舍潮湿;

5. 定期检测水质，水质符合《无公害食品 畜禽饮用水水质》（NY 5027—2001）标准。

Ⅳ-5 哺乳母猪环境控制及生物安全

Ⅳ-5.1 哺乳母猪舍环境控制

Ⅳ-5.1.1 哺乳母猪舍温湿度控制

项目	阶段	最适温度（℃）	控制范围（℃）	最适湿度（%）
母猪	分娩后1~3天	24~25	23~25	60~70
	分娩后4~10天	21~22	20~22	
	分娩10天后	18~22	18~22	
仔猪	新生仔猪	35	32~38	
	2周龄仔猪	30	28~32	
	3~4周龄仔猪	28	24~30	

检查清单:

1. 目标:给仔猪一个温暖的保温箱，给母猪一个凉爽的侧卧环境;

2. 产房温度要兼顾母猪舒适与仔猪保暖需要;

3. 仔猪的适宜温度通过保温灯调节:出生后前1周用200~250瓦灯泡，1周后调整保温灯高度，更换保温灯（150瓦）;

4. 保持栏舍干燥对产房非常重要:减少产房水冲，尤其是产后第1周，喷雾降温不可取;

5. 定期检查产房温湿度计，确保准确无误;

6. 滴水降温:确保风速（以每秒0.2米为宜），安装于母猪颈部位置，确保不淋湿仔猪，注意流速;

7. 关注母猪呼吸频率，出现气喘时应及时检查饮水或采取有效降温措施（如滴水降温）。

IV-5.1.2 哺乳母猪舍通风控制

项目	季节	标准
每秒风流量（米）	冬季	0.15
	春、秋季	0.25
	夏季	1.5
换气量[米³/（小时·千克）]	冬季	0.30
	春、秋季	0.45
	夏季	0.6

IV-5.1.3 哺乳母猪舍有害气体控制

指标	要求
每立方米空气中的氨气浓度（毫克）	≤20
每立方米空气中的硫化氢浓度（毫克）	≤8.0
每升空气中的二氧化碳浓度（毫克）	≤1 300
每立方米空气中的粉尘浓度（毫克³）	≤1.5
每立方米空气中的有害微生物数量（万个）	≤4.0

IV-5.1.4 哺乳母猪舍光照控制

项目	要求
光照时间（小时）	14~16
光照强度（勒克斯）	250~300

检查清单：

1．保持栏舍通透，增加自然光照采光时间；

2．延长人工光照时间，尤其是晚间采食前后；

3．充足光照有利于哺乳母猪采食与泌乳，有利于母猪断奶后发情；

4．分娩舍夜间保持光照，有利于母猪泌乳及仔猪觅食；

5．断奶前保证16小时的光照时间，有利于母猪断奶后发情。

IV-5.2 哺乳母猪生物安全控制

IV-5.2.1 哺乳母猪霉菌毒素控制

霉菌毒素种类	最高允许量	影响
黄曲霉素	<20	母猪采食量降低，甚至拒绝采食
呕吐霉素	<1 000	泌乳量减少，乳汁质量降低，仔猪生长受阻
玉米烯酮霉素	<500	累加效益，影响母猪繁殖性能
赭曲霉毒素A	<100	阴户红肿、肛门（直肠）或子宫脱垂
T2	<1 000	便秘（内毒素引起乳汁质量降低）

Ⅳ-5.2.2　哺乳仔猪免疫参考程序

免疫时间	疫苗名称	免疫剂量	使用方法	免疫方式
3日龄	伪狂犬基因缺失苗	0.5头份	滴鼻	选择免疫
7日龄	支原体疫苗	1头份	肺部注射	选择免疫
14日龄	蓝耳病灭活疫苗	1头份	颈部肌内注射	选择免疫
	圆环病毒病疫苗	1毫升	颈部肌内注射	选择免疫
21日龄	猪瘟弱毒疫苗	1头份	颈部肌内注射	强制免疫
	O型口蹄疫疫苗	1毫升	颈部肌内注射	强制免疫

检查清单：

1．免疫程序应根据猪场的自身和周边疫情作出相应调整，切勿盲目；

2．疫苗毒株选择应该有针对性；

3．所有疫苗必须用有国标批准文号的厂家生产。

Ⅳ-6　哺乳母猪饲养管理

Ⅳ-6.1　母猪乳房管理

Ⅳ-6.1.1　母猪乳房评估

项目		评估清单
目的		根据母猪乳房情况确定母猪泌乳带仔能力
时间		分娩前、分娩后
评估指标	乳房颜色	正常乳房颜色淡粉红色，奶头基部鲜红色
	乳房饱满度	乳房饱满红润，站立时成漏斗状，躺卧有凹凸感，用手触摸正常乳房应坚实
	乳头	间距：相邻乳头10~15厘米，两排乳头间距20~25厘米
		长度：正常乳头长度1~1.5厘米，挺立，大小适中
	有效乳头数	6~9对
		标准：无内翻、损伤，两根乳导管正常分泌乳汁

IV-6.1.2 异常乳房分析

项目		检查清单
乳房炎	表现	乳头和乳房潮红、乳房肿胀，用手触摸时发硬并局部发烫
		伴随发烧（40~41℃），转为慢性时基本恢复常温；
		母猪爬卧，拒绝放奶，不食或少食
		仔猪消瘦、焦躁（奶水少、营养浓度下降）
		乳房可挤出黄绿色水样奶或奶絮，严重时可挤出脓汁（脓性乳房炎）
	诱因	器械损伤、地面粗糙磨损损伤引发感染
		仔猪咬伤引发感染
		饲喂不当（产后补饲过早），引起乳房乳管堵塞，乳汁积留
		环境卫生差、湿度大，细菌感染（链球菌、葡萄球菌、大肠埃希氏菌等）
		体内带毒（一般母猪怀孕后期体液失衡比较普遍），体内毒素排泄不畅，造成乳房炎
乳房炎	防治	加强饲养管理，加强母猪运动
		保持环境卫生干净、干燥，定期对用具及栏舍进行消毒，及时清理粪尿等污物
		科学饲养：饲料营养均衡，饲喂合理
		及时检修圈舍栏杆，防止乳房外伤的发生
		仔猪出生后，及时护理。仔猪固定乳头，24小时内断牙以防咬伤母猪乳头而继发感染
乳房水肿	表现	乳房肿块（肿大）
		缺乏弹性（手指按压，存明显痕迹）
	诱因	缺乏运动（分娩前），影响母猪的血液循环
		饲养不科学：饲料营养缺乏或不平衡，产前7~10天饲喂水平过高，摄入纤维过少，导致便秘
		冬天母猪长期睡在寒冷的水泥地面上，易出现腹部血液循环障碍而诱发乳房水肿
	防治	妊娠后期加强母猪运动（地面栏饲喂）
		使用营养均衡饲料，减少母猪便秘
		加强饲养管理，保持环境卫生、舒适，减少应激

IV-6.2 分娩母猪体况（背膘）管理

项目		标准
目的		通过背膘判断母猪体况，调整饲喂，达到最佳生产性能
时间		临产时（约妊娠第110天）、断奶时（约哺乳第25天）
目标背膘	临产时	20~22毫米
	断奶时	17~19毫米
背膘管理黄金准则	怀孕体重增加	>20千克
	背膘增加	>4.0毫米
	哺乳失重	<15千克
	哺乳背膘降低	<3毫米

（续）

项目		标准
哺乳失重对生产性能影响	每失重增加10千克	仔猪断奶体重减少0.5千克
		下胎仔猪减少0.5头
		断奶发情增加3天
		至少需要50千克的饲料来恢复体重（膘情）
		母猪淘汰率提高10%以上（对头胎尤其影响大）

Ⅳ-6.2.1 分娩母猪体况管理重要性

体况	影响	管理清单
肥胖	产程长、难产增加	妊娠期按胎次进行分组饲喂
	死胎多	母猪单体限位栏饲喂
	食欲差（消耗自身脂肪）	限制妊娠期饲喂量（前提要保证基本营养需求）
	乳房发育差（泌乳降低20%）	提高哺乳期采食量（饲料适口性、温度适宜）
瘦	发情延迟	青年母猪控制带仔数（10～11头）
	卵子质量差/少	母猪明显消瘦时，立即断奶（前提哺乳大于21天）
	下胎产仔数少	断奶后加强饲料营养
	更容易返情（尤其第1胎母猪）	严重瘦母猪，错过一情期再配种

Ⅳ-6.2.2 母猪背膘测定

项目	操作清单
准备工作	背膘测定仪、卷尺、耦合剂、润滑油、剃毛刀、记号笔、卫生纸巾、记录表
操作流程	（1）查看母猪记录卡，记录母猪耳号、胎次
	（2）首先对所测定母猪进行体况评分（参照母猪体况评分标准）
（3）P2点背膘厚度测定	①将母猪赶起，站立稳定
	②在母猪腹侧找到最后一根肋骨，沿肋骨向上寻找最后一根肋骨与脊椎骨的交叉点，垂直距背中线6.5厘米，用记号笔做记录，此为P2点，为背膘测定点
	③剃除母猪P2点附近被毛
	④在P2点处涂抹耦合剂或者植物油
	⑤左手拿背膘测定仪，拇指按下开关不放；
	⑥右手拇指与食指拿稳探头，放于P2点处，垂直于背部，其余三指放在母猪背部，起到稳定探头的作用，不能用力
	⑦当三个指示灯全部亮起时，且数值稳定不变的情况下读取数值，数值既背膘厚度，并记录

检查清单：

1．待测母猪必须站立，背平直；

2．P2点必须按要求找准确，否则对测定结果有偏差；

3．如母猪过肥，肋骨近背中线处不容易摸到，则最后一根肋骨垂直背中线点向前2～3厘米的点距背中线6.5厘米为P2点；

4．母猪背膘测定应与母猪体况评分相结合，提高精确性；

5．始终如一地关注母猪体况（定期进行体况评定），保持母猪阶段况适宜；

6．将母猪体况恢复到标准状态是一个缓慢的过程，可能需要6～12个月，甚至更长时间；

7．当母猪开始明显消瘦时，要进行断奶，但尽量不要低于21天。

Ⅳ-6.3　母猪进产房前准备

项目	内容	准备清单
产房准备	清洗、消毒	断电（保温箱插座防水处理），清除栏舍物件（余料、杂物等）
		浸泡（0.25%洗衣粉或3%～5%烧碱），10～30分钟
		冲洗干净所有可见（地板、保温箱、管线、料槽、风机等）污物
		干燥后消毒24小时（市售消毒剂，按说明书配制）
		熏蒸消毒（每升消毒液的成分：KMnO$_4$：甲醛：水=15克：30毫升：15毫升），12～24小时，密闭，保持栏舍湿润，温度控制20℃以上
		石灰乳（20%～30%）粉刷栏舍及墙体，通风干燥（24～48小时）
	空栏时间	空栏5～7天，保持栏舍干爽
设备检查	饮水器	检查仔母猪饮水器是否正常，水流是否达标，饮水管线及饮水器是否已清洁消毒
	栏舍卫生	清洗消毒彻底，干燥，杂物清理干净等
	其他	检查风机、水帘、滴水管等降温设备是否正常运转
		栏位、保温箱是否完好无损
母猪准备	消毒	上产床前，母猪冲洗、消毒，产前2周进行驱虫（内外）
	上产床时间	预产期前5～7天

检查清单：

1. 产房采用小单元饲养模式，保证100%全进全出对猪场生物安全非常重要；
2. 熏蒸消毒刺激性较大，操作时注意人身安全，最好安排两人在场，并做好适当的防护（如戴口罩），同时需保持地面湿润，根据栏舍面积按比例添加（将福尔马林和水混合后再加入高锰酸钾中）；
3. 石灰乳粉刷栏舍及墙面，被证明是一种经济而又易行之有效的方法；
4. 冲洗栏舍时，添加清洁剂对污垢清除效果更好，水温70℃或以上温水可将油污清洗得更干净。

Ⅳ-6.4　分娩接产

Ⅳ-6.4.1　分娩判断

特征	预计分娩时间	检查间隔
阴门红肿，有少量黏液，频频排尿，起卧不安、食欲下降	1～2天内分娩	每天检查1次
母猪乳房膨胀、潮红、中部乳汁可挤出	12～24小时内分娩	每8小时检查1次
最后乳头可挤出乳汁	4～6小时内分娩	每2小时检查1次
排出少量胎粪或有羊水流出	30分钟内分娩	每1小时检查1次

Ⅳ-6.4.2　接产准备

项目		准备清单
消毒用具	消毒液（高锰酸钾等）	清洗母猪尾根及阴户，消毒乳房
	水桶	装消毒水、消毒
	刷子	刷拭母猪尾根污物
	拖把	擦拭产床、保温箱
	碘酒	伤口（脐带、阉割）消毒

（续）

项目		准备清单
接产用具	毛巾（干净，消毒）	擦拭仔猪口腔及全身黏液
	剪刀	剪脐
	扎脐绳	扎脐
	断尾钳	断尾（产后第2天断尾）
	密斯陀粉（爽身粉）	干爽仔猪
	肥皂或润滑剂	助产时润滑手臂
保温用具	保温灯	保温，分娩启动时，开启保温设施预热
	消过毒的保温垫	保温，减少仔猪热损失
药品准备	口服液（抗生素）	灌服初生仔猪
	铁糖	仔猪补铁
	母猪输液用药	母猪分娩输液、母猪产后消炎

检查清单：

1. 接产用具在母猪分娩前必须准备到位；
2. 用具必须消毒，专舍专用，禁止不同产房用具交叉使用；
3. 建议接产用具统一集中专门工具箱管理；
4. 剪刀、剪牙钳等使用后必须随时放到消毒液里，防止仔猪通过口腔、脐带感染。

Ⅳ-6.4.3 分娩接产

项目		接产操作清单
人员要求	专人专用	仔猪出生时必须有专门的人护理，并严格按照操作要求执行
接产准备	环境控制	保持环境安静，凉爽
	温度控制	分娩时提前开好保温灯，温度32～34℃（200～250瓦红外灯）
	清洗消毒	产前母猪用0.1%KMnO₄进行消毒外阴、乳房及腿臀部，产床清洗干净
接产步骤	仔猪清理	清除新生仔猪口腔、鼻腔黏液，体表擦拭干净
	断脐	离脐孔2～3厘米处结扎，用手术剪离结扎口1厘米处剪断，断端及脐根部5%碘酊消毒，连续3天
	干燥	全身涂抹密斯陀粉（或爽身粉），放置于预热保温箱

（续）

项目		接产操作清单
助产方式	增加产力	第一时间补充能量（补液、缩宫素），增加母猪产力
		母猪努责时，用手由前向后用力挤压腹部，或赶动母猪躺卧方向
	难产判断	总产程超过4小时
		有羊水排出，单头间隔30分钟以上（第1～2头间隔超过1.5小时），母猪呼吸急促，用力但无仔猪产出
	人工助产	①先注射氯前列烯醇2毫升，剪平指甲并将周边打磨光滑
		②0.1%KMnO$_4$清洗消毒母猪后驱及手臂
		③戴助产手套，并涂抹润滑剂（中性），避免助产手套接触其他物体，防污染
		④助产，五指并拢，缓缓伸入产道，抓住仔猪的头部，上、下颚部或后腿拉出
		⑤助产后，做好母猪消炎（连续用药2～3天）

检查清单：

1. 分娩过程的启动就是仔猪死亡的开始，分娩时间越长，最后出生的仔猪越虚弱；

2. 随着母猪产仔数的提高，分娩时间也在相应地增加，因此帮助母猪快速分娩显得更加重要；

3. 冬季（气温低时），建议在母猪后上方悬挂保温灯，给刚出生仔猪加热（或垫麻袋）；

4. 分娩时，应一直有接产人员守护在分娩母猪身旁待产（至少每隔10～15分钟有人巡视一遍），避免不必要的死胎及难产发生；

5. 一定要让接产的饲养员密切关注分娩的母猪，以便减少因为难产、脐带破损及母猪在产完仔猪前失力而使死胎数增加；

6. 如母猪超过预产期2天，最好对母猪进行催产，根据猪场情况选择催产时间以选择分娩时间；

7. 助产根据母猪努责使力，将能掏到的仔猪掏尽，助产完对母猪尾根部及外阴清洗消毒；

8. 接产后，必须清理干净母猪、产床及其分娩污物。

Ⅳ-6.4.4 分娩指导表

指标	标准	备注
宫缩至产出第1头仔猪	2小时	
第1～2头仔猪间隔	1.5小时	>1.5小时，助产
第1头至最后1头仔猪	3小时（1～8小时）	
不同仔猪出生间隔	15分钟（1分钟至4小时）	>1小时，助产
胎位比例	臀位：40%；头位：60%	
脐带断裂	35%	多见于最后1头，或缩宫素滥用母猪
脐带干燥时间	6小时（4～16小时）	检查出血
胎衣排尽时间	分娩后4小时（1～12小时）	也可能出现在产仔过程中间

Ⅳ-6.4.5　与死胎有关的数据

项目	死亡原因	相关数据
死胎产生时间	宫缩前死亡率（%）	约20
	分娩过程中或出生后死亡率（%）	约80
	产程最后1/3时间死胎比例（%）	>80
分娩时间对死胎的影响	产程1小时死胎率（%）	约2.5
	产程8小时死胎率（%）	约10
仔猪产出时间	正常时间（分钟）	15~30
	死胎产出时间（分钟）	45~60

参考来源：母猪信号

注：1. 头胎母猪第一头出生仔猪死亡概率大（产道不顺畅）；老龄母猪最后一头仔猪容易出现死胎（产力不足）。

2. 最后分娩下来的仔猪存活到断奶的概率<50%；

3. 出生前死亡与出生后死亡仔猪区别：真正的死胎其肺脏放入水中会快速下沉，出生后死亡的仔猪，由于肺部吸入空气，肺部下沉速度相对会更慢，生产者应根据产前或产后死亡的原因采取相应的应对措施。

Ⅳ-6.5　母猪分娩前后护理参考方案

项目	参考方案	目的
产前保健	产前每头母猪注射长效阿莫西林10毫升	减少母猪产后感染风险，及增强仔猪抗病力
分娩护理	第一瓶：0.9%氯化钠注射液500毫升+鱼腥草30毫升+林可30毫升+地米5毫升+阿莫西林3支（每支1克）+缩宫素3毫升	消炎、补液
	第二瓶：10%葡萄糖注射液500毫升+葡萄糖酸钙40毫升+维生素B_{12} 5毫升+复合维生素B 10毫升	增加（能量）产力、缩短产程
	第三瓶：甲硝唑注射液500毫升	抗菌消炎（厌氧菌）
产后护理	①母猪产后第二天深部肌内注射20%长效土霉素10毫升或林可霉素10毫升（一次）②或连续3天每千克体重肌内注射（青霉素2万国际单位）+鱼腥草20毫升	加强消炎

检查清单：

1. 分娩输液应该选择在至少产出3头仔猪后进行；

2. 母猪产后恶露一般5天内会排尽；

3. 产后对母猪外阴连续清洗消毒（7天）；

4. 无异常情况下，不建议母猪产后冲洗宫，因为这样有可能导致一些不干净的东西进入到子宫里面，所以冲宫的坏处多于好处；

5. 随时监控母猪体温，尤其是在产后，若出现发烧、不食时要尽快采取处理措施，并紧密跟踪母猪后续吃料情况；

6. 及时清理干净产床粪便，保持产床干净卫生。

Ⅳ-6.6 仔猪护理

Ⅳ-6.6.1 吃初乳及初乳采集

项目		操作清单
吃初乳	目的	让仔猪获得足够的母源抗体
	时间控制	初生仔猪在出生后1小时内（可自行站立）吃到，足够的初乳
	乳房清洗消毒	初乳前母猪乳房必须消毒并挤掉前面几滴乳汁
	奶头固定	母猪放奶时需看护，分娩后前3天要人工固定乳头，弱小仔猪靠前
初乳采集	目的	避免初乳的浪费及提高弱小仔猪的存活率
	时间控制	母猪分娩当天
	母猪选择	选择安静、泌乳好的3~5胎经产母猪，避免初产母猪中提取初乳
	乳头选择	每个乳头收集10~15毫升，不能从单一乳头移取，最后2对奶头不采
	保存	保存：4~8℃保存48小时，冷冻保存4周
	使用	回温39℃，用于灌服弱小仔猪

检查清单：

1. 注重初乳采集的重要性，尤其是分娩过程使用缩宫素时；

2. 关注最后出生仔猪摄取初乳的量，最后产出仔猪所处的环境非常不利，不但身体虚弱，而且有"错过初乳免疫班车"的危险；

3. 仔猪出生后6小时内至少允吸60毫升初乳，16小时内至少100毫升。

Ⅳ-6.6.2 剪牙与断尾

项目		操作清单
剪牙	目的	避免对母猪乳房的咬伤及仔猪打架咬伤
	时间控制	初生仔猪吃初乳6小时后
	操作方法	齐牙根剪除上下4对犬齿，避免剪碎牙齿及损失牙龈
	消炎	灌服抗生素（阿莫西林），避免出现炎症
断尾	目的	避免仔猪间相互咬尾，减少应激
	时间控制	初生仔猪吃初乳6小时后
	乳头选择	距尾根3~4厘米处进行断尾
	止血消毒	高锰酸钾涂抹伤口处进行止血

注：提前剪牙将影响仔猪吮吸初乳，并且增加感染疾病的风险。

Ⅳ-6.6.3 并窝寄养

项目		操作清单
并窝寄养	目的	保证窝仔数的均匀度，提高产房生产成绩
	时间控制	初生6小时后，日龄相差不要超过3天，寄养前先混群2小时
	寄养原则	从先出生的仔猪中选择体重较轻的寄养给后分娩的母猪，从后出生的仔猪中选择体重较重的寄养给先分娩的母猪
		留小寄大，留少拆多
		初产母猪寄养体重较大仔猪
		根据母猪体况及有效乳头（乳头数量、乳腺发育程度、乳房高低）合理分配仔猪
		变动最小化，尽量减少太多可有可无的寄养

（续）

项目		操作清单
操作方法		寄养前先混群2小时，让仔猪间具有相似的气味
		母猪应激较大时，可以在母猪鼻部喷涂气味较浓的消毒水
		关注寄养仔猪的状况及母猪对寄养仔猪的情绪

注：注重仔猪寄养工作，保证生产均匀性的前提。

Ⅳ-6.6.4　补铁与灌服球虫药

项目		操作清单
补铁	目的	避免仔猪缺铁性贫血造成死亡
	时间控制	出生后3天内（或7日龄进行对二次补铁）
	剂量控制	每头150~200毫克
	针头选择	9号针头
灌服球虫药	目的	减少仔猪球虫感染
	时间控制	出生后3天内
	剂量控制	每头2毫升（拜耳百球清）

检查清单：

1．所有的仔猪都必须通过补铁来预防自身铁源的不足造成的贫血；

2．球虫药根据猪场实际情况可选择使用，球虫严重猪场必须灌服球虫药。

Ⅳ-6.6.5　阉割与教槽

项目		操作清单
阉割	目的	提高猪的生长及改善肉质
	时间控制	5~7日龄为宜（太小，睾丸易碎；太大，应激大，伤口恢复慢）
	操作方法	阉割前，仔猪阴囊部及刀片用5%碘酊消毒
		刀口不宜过大，以能挤出睾丸切口即可，于阴囊偏下端切口，睾丸、附睾、精索需全部取出
		采取两侧阉割，避免内损伤
		阉割后用5%碘酊对伤口消毒，并持续观察伤口恢复情况
	注意事项	操作前观察猪只整体情况，精神状态不佳、疾病、弱小仔猪不阉割
		阉割前后对产床进行清扫、消毒，降低伤口感染风险

（续）

	项目	操作清单
教槽	目的	教会仔猪采食固体饲料，为成功断奶做好铺垫
	教槽成功标准	断奶前每头仔猪的采食量大于等于350克
	时间控制	5～7日龄熟悉阶段、7～15日龄诱食阶段、16日龄至断奶旺食阶段
	操作方法	①5～7日龄：将教槽料洒在母猪乳房及保温箱内，让仔猪熟悉教槽料的气味及味道； ②7～15日龄：将教槽料少量洒在料盆内，干喂，每天4～6次，少喂勤添，保证料新鲜； ③15日龄至断奶：干水料结合，料：水=3：1，每天4～6次，少喂勤添
	注意事项	饲料选择：适口性，消化性，营养标准 料盆的选择及摆放，及时清理料盆余料及污物 关注仔猪采食情况，对顽固不食仔猪采取强制教槽 关注教槽料的浪费

检查清单：
1. 料槽放置于工作人员方便取用的位置，避免不必要地进出分娩栏内；
2. 选择颜色鲜亮的料槽，放置于光线明亮的位置，不得放置在保温灯下、加热板上；
3. 料槽选择放置于母猪侧位，即母猪尿液喷溅不到的位置；
4. 料槽放置于固定的位置；
5. 料槽放置于干净的区域，污浊的环境将使仔猪失去对教槽料的吸引力；
6. 湿法教槽将给仔猪一个更好的适宜教槽料的开始，在断奶及断奶过渡时将表现显著效果；
7. 湿法教槽需要花费更多的精力护理与清洗料槽（频繁高度清洁），需要饲养员更强的责任心。

IV-6.7 分娩过程常见问题

问题	检查清单
缩宫素滥用	死胎增加（强直收缩）
	弱仔增加（脐带断裂）
	子宫内膜炎增加（胎衣残留）
	病弱仔猪增加（初乳损失）
人工助产频繁	子宫损伤、感染概率增加
难产、产程过长	产后不食（疼痛导致内分泌失调），产后无乳
	产死胎增多（体力下降）
	子宫炎增多（子宫长时间开放，自净能力下降），不发情、返情

IV-6.8 缩宫素使用常见问题

项目	检查清单	目的
禁用情况	顺产母猪	减少对催产素依赖
	子宫颈未张开（第1头仔猪未产出）母猪	易造成难产、死胎
	难产母猪，如骨盆狭窄、产道狭窄	易造成难产、死胎
	超量使用	导致子宫强烈收缩发生痉，产后子宫过度疲劳机能瘫痪，易造成胎衣滞留引起子宫炎
使用条件	产程过长（＞4小时），前后间隔30分钟或以上	减少难产死胎
	分娩结束后注射，有助于胎衣及恶露排出	降低子宫炎症风险
注意事项	使用次数	每头小于等于3次，1小时不得超过3次
	使用间隔	≥30分钟
	使用剂量	0.5～1.0毫升（5～10国际单位）
	其他	保持产道顺畅
		奶水溢出时要收集

IV-6.9 哺乳采食影响因素分析

影响因素	操作清单
环境温度过高（＞22℃）	保持母猪环境凉爽（15～22℃），选择凉爽时饲喂
过度肥胖	调整妊娠期母猪膘情，禁止过度饲喂
分娩后喂料量增加太快	分娩后前1周饲喂量逐步增加
饲喂方式不当	湿喂、多餐饲喂（每天3～4次）
饮水不足	定期检查水管，保证母猪饮水充足，水温适宜
疾病（发烧、乳房炎）	细心观察，及时治疗
料槽饲料放置时间太长（发霉、发酸）	及时清理料槽余料，保证每餐饲料新鲜
饲料变化（适口性差、换料）	分娩后禁止突然换料（如需换料分娩前过渡到位）
产后炎症	做好母猪分娩及产后护理，检查确定分娩完全（胎儿、胎衣）

注：要特别关注哺乳母猪饮水问题！

IV-6.10 仔猪断奶成功的关键条件

阶段	项目	检查清单
断奶时	健康状况	仔猪健康，活跃
	教槽	成功的哺乳期教槽（每头有效采食量大于350克）
	日龄与体重	足够的断奶日龄（大于21天）与体重（大于6千克）
断奶后	饲料与饮水	容易找到的可口、熟悉的饲料及充足、干净的饮水
	环境	舒适的环境（断奶后舍内温度大于28℃）
	光照	断奶后充足的光照（连续3天24小时光照）
	栏舍	清洁、干燥的栏舍（保育舍）
	不食仔猪护理	及时给予不食仔猪额外的照顾

4.6　保育仔猪管理清单

V-1 保育仔猪饲养目标

保育仔猪生理特点	目标
体温调节能力差（抗寒能力差）	最大限度地降低断奶应激
消化能力差	提高仔猪成活率
免疫能力差	保证仔猪正常生长
生长发育快、物质代谢旺盛	减少疾病发生

V-2 保育仔猪生产指标

项目	目标
存活率（%）	>96
次品率（%）	<2
70日龄体重（千克）	>30
保育全程料重比	<1.5

V-3 保育舍硬件设施

项目	指标	要求
分娩舍	建筑结构	钢结构全密封结构，猪舍天花高度约2.45米，隔热屋顶材质；
	通道	纵向中间通道宽1.0~1.2米
通风系统	风机或风扇	正常运转，功率选择与栏舍跨度匹配
	卷帘布	PE材质或者其他同等类型材料，厚度大于等于0.4毫米，每平方米重量大于等于250克
降温系统	风机或风扇	正常运转，风机转速与产房构造相匹配，垂直通风
栏位系统	高架漏缝保育栏	每栏10~12头
		面积：约4米²/10头（2米×2米），头均面积0.3~0.5米²
		围栏：35毫米PVC板
		地板：PVC塑料漏缝板
		保温箱、保温板等保温设施
饮水系统	自动饮水器	小号碗式或乳头饮水器，每10头约共用1个，高15~30厘米
	水流量	0.5~1.0（每分钟水流量前期为0.5升，后期为1.0升）
	保健桶	清洁干净（定时清理），容积约100升

注：夏季采取纵向通风，其他季节采取垂直通风。

V-4 保育仔猪营养

V-4.1 保育仔猪营养需求

V-4.1.1 保育仔猪营养需求——断奶过渡期

项目	猪营养标准（2004）	NRC（2012）	推荐建议
体重（千克）	3~8	5~7	6.5~10
每千克的消化能（kcal）	3 349	3 542	3 400~3 500
粗蛋白质（%）	21.0	26.0	19.0~20.0
钙（%）	0.88	0.85	0.6~0.7
总磷（%）	0.74	0.7	0.65~0.75
有效磷（%）	0.54	0.41	0.4
赖氨酸（%）	1.42	1.7	1.5~1.6
蛋氨酸（%）	0.4	0.49	0.40~0.48
蛋氨酸+胱氨酸（%）	0.81	0.96	0.82~0.90
苏氨酸（%）	0.94	1.05	0.95~1.01

V−4.1.2　保育仔猪营养需求——保育前期

项目	猪营养标准（2004）	NRC（2012）	推荐建议
体重（千克）	8 ~ 20	7 ~ 11	10 ~ 20
每千克的消化能（千卡）	3 249	3 542	3 350
粗蛋白质（%）	19	23.7	18.0 ~ 19.0
钙（%）	0.74	0.8	0.6 ~ 0.7
总磷（%）	0.58	0.65	0.63 ~ 0.75
有效磷（%）	0.36	0.36	0.35 ~ 0.4
赖氨酸（%）	1.16	1.53	1.3 ~ 1.4
蛋氨酸（%）	0.3	0.44	0.35 ~ 0.42
蛋氨酸+胱氨酸（%）	0.66	0.87	0.72 ~ 0.80
苏氨酸（%）	0.75	0.95	0.85 ~ 0.95

V−4.1.3　保育仔猪营养需求——保育后期

项目	猪营养标准（2004）	NRC（2012）	推荐建议
体重（千克）	20 ~ 35	11 ~ 25	20 ~ 30
每千克的消化能（千卡）	3 199	3 490	3 300
粗蛋白质（%）	17.8	20.9	17.0 ~ 18.0
钙（%）	0.62	0.7	0.6 ~ 0.7
总磷（%）	0.53	0.6	0.6 ~ 0.7
有效磷（%）	0.25	0.29	0.30 ~ 0.35
赖氨酸（%）	0.9	1.4	1.2 ~ 1.3
蛋氨酸（%）	0.24	0.4	0.30 ~ 0.35
蛋氨酸+胱氨酸（%）	0.51	0.79	0.65 ~ 0.75
苏氨酸（%）	0.58	0.87	0.75 ~ 0.85

Ⅴ-4.2 保育仔猪饲喂方案

阶段	饲喂方法	饲喂饲料	每天饲喂量（克）
断奶后第1周	限量饲喂、少喂勤添（每天4~6次）	维持原饲喂教槽料	350
断奶后第2周	自由采食，少喂勤添（每天4~6次）	过渡至保育前期料	500
断奶后第3~4周	自由采食，少喂勤添（每天3~4次）	保育前期料	750
断奶后第5周后	自由采食，少喂勤添（每天3~4次）	过渡至保育后期料	900

检查清单：

1. 断奶后尽快让每一头仔猪吃上料，前提是哺乳期仔猪断奶前保证教槽成功，判断标准是每头仔猪采食量大于350克；对于不吃料仔猪，可以采取断水，湿拌料的方式诱导其采食；
2. 断奶第1天（或转保第1天）不喂或很少喂，但保持充足干净的饮水（添加抗应激药物保健）；
3. 每天保证至少空槽一次，每次空槽时间1小时；
4. 经常清洁料槽，保持料槽的干净能带来丰厚的回报；
5. 换料过渡期至少为3天，逐渐过渡，每天分别替代25%、50%、75%。

Ⅴ-4.3 保育仔猪饮水控制

项目	指标	要求
饮水要求	每分钟水流量（升）	1.0~1.5
	每天饮水量（升）	1.5~2.5
	每千克饲料耗水量（升）	2~3
	饮水器高度（厘米）	15~30
	饮水器类型	小号碗式或乳头饮水器（10头仔猪共用1个）
水质要求	pH	5~8
	每升水中的大肠埃希氏菌数（个）	<100
	每升水中的细菌数（个）	<105

检查清单：

1. 保育仔猪饮水器类型最好与分娩舍时保持一致，有利于仔猪快速适应；
2. 定期检查饮水管线及水压，保证保育仔猪饮水充足、干净、水温适宜（寒季保育猪最适水温：20~25℃）；
3. 保育舍需有独立的保健桶（每个保健桶的容量约100升）。

V-5 保育舍环境控制与生物安全

V-5.1 保育舍环境控制

V-5.1.1 保育舍温湿度控制

阶段	适宜温度（℃）	适宜湿度（%）
断奶后前3天	30	
断奶后第1周	28	60～70
断奶后第2～5周	25	
断奶后第5～7周	21	

检查清单：

1. 仔猪刚转入保育舍时，应提前预热保温设施，温度应与产房温度相近（高于断奶前约2℃）；

2. 保育舍温度控制可通过调整保温灯（开启时间、度数、高度等）、保温板、通风等进行；

3. 温度的降低应逐步进行，禁忌温度降幅过大；

4. 温度设定时要考虑同批次中最小的猪，温度稍微高一点对其他猪的影响不会很大；

5. 坚持在每天中最温暖和最寒冷的时候检查猪群的躺卧姿势。

V-5.1.2 保育舍通风控制

指标	季节	最佳控制要求
每秒风速（米）	冬、春、秋季	0.2
	夏季	1.2～1.6
通风换气量［米³/（小时·千克）］	冬季	0.3
	春、秋季	0.45
	夏季	0.6

检查清单：

1. 检查门窗等通风设施是否合理，风机是否正常；

2. 冬天严防贼风，仔猪28～50日龄时风速每秒控制在0.2米，仔猪51～70日龄时风速每秒控制在0.3米。

V-5.1.3 保育舍有害气体控制

指标	要求
每立方米空气中的氨气浓度（毫克）	≤20
每立方米空气中的硫化氢浓度（毫克）	≤8
每升空气中的二氧化碳浓度（毫克）	≤1 300
每立方米空气中的粉尘浓度浓度（毫克）	≤1.2
每立方米空气中的有害微生物数量（万个）	≤4

Ⅴ-5.1.4　保育舍光照控制

指标	要求
光照强度（勒克斯）	110
光照时间（小时）	16 ~ 18

检查清单：

1．定期检查、维修采光设施（门、窗等），保证自然光照充足；

2．断奶后前3天建议保持24小时光照，可以让更多断奶前没有适应饲料的仔猪尽快学会吃料；

3．在充足光照下，仔猪更容易学会采食，光照有利于增强免疫力；

4．光照强度太大、持续时间太长，容易引起猪群焦躁，引发咬尾等。

Ⅴ-5.1.5　保育舍饲养密度控制

猪别	体重（千克）	每猪所占面积（米²）		每头可利用空间（米³）	漏缝地板适宜漏缝宽度（毫米）
		水泥地板	漏缝地板		
保育猪（1）	6 ~ 18	0.5	0.3	1	10 ~ 13
保育猪（2）	18 ~ 25	0.7	0.4	1	10 ~ 13

检查清单：

1．保持保育猪适宜的密度饲养是预防疾病的重要关键点；

2．高密度饲养永远是健康养猪的克星，保育阶段尤为突出。

Ⅴ-5.2　保育舍生物安全

Ⅴ-5.2.1　保育仔猪霉菌毒素控制

霉菌毒素种类	每吨饲料中最高允许添加量（克）	影响
黄曲霉素	<10	增重速率、饲料转化率降低，采食量降低
呕吐霉素	<1 000	仔猪阴户红肿，假发情
玉米烯酮霉素	<500	仔猪睾丸萎缩、乳头变大
赭曲霉毒素A	<100	活力降低，存活率降低
T2	<1 000	肛门脱垂

Ⅴ-5.2.2　保育仔猪免疫参考程序

免疫时间	疫苗名称	免疫剂量	使用方法	免疫方式
35日龄	蓝耳病活疫苗	1头份	颈部肌内注射	强制免疫
	圆环病毒病疫苗	2毫升	颈部肌内注射	选择免疫

（续）

免疫时间	疫苗名称	免疫剂量	使用方法	免疫方式
45日龄	伪狂犬病疫苗	1头份	颈部肌内注射	强制免疫
55日龄	口蹄疫疫苗	2毫升	颈部肌内注射	强制免疫
	猪瘟疫苗	2头份	颈部肌内注射	强制免疫
65日龄	蓝耳病活疫苗	1头份	颈部肌内注射	强制免疫
80日龄	口蹄疫疫苗	2毫升	颈部肌内注射	强制免疫

检查清单：

1. 猪场免疫程序根据猪场本身猪群健康而定；

2. 猪瘟的免疫时间可以在全群猪群测过抗体水平后根据抗体水平适当调整；

3. 疫苗注射后一旦发生应激，应立即进行抢救，如注射肾上腺素、地塞米松、普鲁卡因青霉素+复方安基比林等药物脱敏。

V-5.2.3　保育仔猪保健驱虫方案

时间	参考方案	使用时间	目的
转保第1周 （5周龄）	林可壮观霉素+电解多维（抗应激药物）饮水保健	10～14天	减少仔猪应激，抗革兰氏阴性菌、阳性菌
第3周 （8周龄）	伊维菌素粉剂 或伊维菌素针剂	连续5～7天 每头1毫升	驱虫

V-6　保育仔猪饲养管理

V-6.1　仔猪断奶应激综合征

表现	主要原因	操作清单
营养应激	食物来源变化	选择适口性、消化性好的断奶过渡料（教槽料）
	营养组成变化	早期补饲，保证断奶前吃到足够的教槽料（每头仔猪的有效采食量大于350克）
	消化吸收变化	饲料过度采取循序渐进的方式
环境应激	圈舍变化与饲养人员变化	断奶后仔猪可原圈饲养5～7天
	温湿度变化	尽量保持保育舍环境与哺乳舍相近
心理应激	母子分离、调栏、混群等	提高断奶日龄（25天左右）
	让仔猪更不安	转群和分群时尽量维持原圈饲养

检查清单：

1. 猪一生中最大的挑战就是断奶；

2. 断奶应激综合征最直接的表现是仔猪生长受阻，可能持续几小时，也可能长达1～2天，甚至7～9天；

3. 断奶应激越大，仔猪恢复到断奶前日增重所需的时间就越长；

4. 检查舍内温度及仔猪躺卧地板的温度（通过观察猪群的躺卧姿势及温度计监测）；

5. 关注料槽的卫生状况及饲料的新鲜程度，检查饮水；

6. 断奶日龄非常重要，日龄越大仔猪越趋于成熟。

V-6.2　保育仔猪饲养管理关键控制点

项目	检查清单
进猪前栏舍准备	100%全进全出，做好栏舍消毒（彻底消毒）
	空栏5~7天，进猪前保持栏舍干燥
	设备检修（料槽、饮水器、保健桶、降温或保温设备等）
	仔猪转保前，保育舍保温工作及保健桶抗应激药物准备到位
	用具及药品准备
分群	分栏时，尽量原窝仔猪（降低应激、减少打斗、病源传播）
	将残次仔猪与健康仔猪分开喂养（每栋空出2~3个保育栏用于仔猪的单独护理）
	按照大小分栏（注意防止和处理仔猪打斗）
调教（三定位）	定吃：进猪前在采食区和睡觉区撒上饲喂饲料，并适时驱赶乱排仔猪
	定睡：睡觉区保持干燥（冬天需用保温板等保温）
	定排：在排便区用水冲湿
饲喂	猪群转入时，保证充足干净饮水（添加抗应激药物），当天不喂（或很少喂）
	转保后前5天，少喂多餐，适当控料（防止暴饮暴食出现的营养性腹泻）
	病弱猪及不食仔猪，及时单独护理（湿料饲喂或单独灌服）
	正常采食后，保证每日空槽至少一次（至少1小时）
	换料是要循序渐进（过渡期3~5天），逐渐增加比例
	猪群转出前一餐停喂（减少应激）
管理	做好栏舍保温工作（温度适宜）
	保持舍内空气清新，做好保温与通风平衡
	及时清理粪便（上午、下午各一次），保持栏舍干燥，卫生
	严格执行仔猪免疫与驱虫方案
	每日巡视，病猪及时治疗、隔离，无价值的及时淘汰

V-6.3 保育舍日常检查清单

检查项目	正常	异常
外表神态	警觉	消沉
腹部性状	圆	干瘪
皮肤	有光泽	干燥
被毛	稀疏、光滑	粗长、杂乱
食欲	正常吃料	不旺盛
躺卧姿势	侧卧	趴卧、扎堆
呼吸	平静	急促

注：根据每头仔猪的状态，并找出对应的可能造成的原因（温度、饲养密度、饲料、通风等）。

V-6.4 导致断奶仔猪生长受阻的因素

检查清单	断奶后生长受阻的天数
饲养密度超过正常值的15%	2 ~ 3
不使用教槽料	2
断奶后没有使用教槽料过渡	3
劣质的颗粒饲料（太硬或太脏）	1
断奶仔猪混群不合理	2
太冷（低于临界温度3℃）	3
太热（高于临界温度2℃）	2
饮水不足	2
料槽空间不够	1 ~ 3
料槽脏	2
存在霉菌毒素	2
劣质的地板	2

注：帮助仔猪快速度过断奶应激期是影响猪场经济效益的一个主要因素。

4.7   生长育肥猪管理清单

VI-1   生长育肥猪饲养目标

主要生理特点	饲养目标
免疫系统基本完善	获得最佳日增重
消化系统基本完善	获得良好的胴体品质
生长潜力发挥空间大	获得最佳的料重比

VI-2   生长育肥猪生产指标

项目	目标
成活率（%）	＞98
次品率（%）	＜1
170日龄体重（千克）	＞120
料重比	＜2.4
PMSY（头）	＞22.5

VI-3   生长育肥舍栏舍设施

项目	指标	要求
育肥舍	建筑结构	钢结构全密封结构，猪舍天花高约2.45米，隔热屋顶材质
	通道	纵向中间通道宽1.0～1.2米
通风系统	风机或风扇	正常运转，功率选择与栏舍跨度匹配
	卷帘布	PE材质，或者其他同等类型材料，厚度大于等于0.4毫米，每平方米重量大于等于250克
降温系统	风机或风扇	正常运转，风机转速与产房构造相匹配，垂直通风
栏位系统	水泥地面栏	每栏10～12头
		面积：10～12米²/10头（5米×2米～4米×3米），头均面积1.0～1.2米²；
		围栏：水泥墙体
饮水系统	自动饮水器	大号碗式或乳头饮水器，每10头猪使用1个饮水器，高35～60厘米
	每分钟水流量（升）	1.5～2.0

注：夏季采取纵向通风，其他季节采取垂直通风。

Ⅵ-4 生长育肥猪营养

Ⅵ-4.1 生长育肥猪营养需求

Ⅵ-4.1.1 生长育肥猪营养需求——育肥前期

项目	猪营养标准（2004）	NRC（2012）	推荐建议
体重（千克）	35 ~ 60	25 ~ 50	30 ~ 60
每千克消化能（千卡）	3 199	3 402	3 250 ~ 3 300
粗蛋白质（%）	16.4	18	16.5 ~ 17.5
钙（%）	0.55	0.66	0.75 ~ 0.85
总磷（%）	0.48	0.56	0.70 ~ 0.90
有效磷（%）	0.2	0.26	0.35 ~ 0.45
赖氨酸（%）	0.82	1.12	1.09 ~ 1.12
蛋氨酸（%）	0.22	0.32	0.29 ~ 0.30
蛋氨酸+胱氨酸（%）	0.48	0.65	0.64 ~ 0.66
苏氨酸（%）	0.56	0.72	0.71 ~ 0.73

Ⅵ-4.1.2 生长育肥猪营养需求——育肥中期

项目	猪营养标准（2004）	NRC（2012）	推荐建议
体重（千克）	60 ~ 90	50 ~ 75	60 ~ 90
每千克消化能（千卡）	3 199	3 402	3 200 ~ 3 250
粗蛋白质（%）	14.5	15.5	15.5 ~ 16.5
钙（%）	0.49	0.59	0.7 ~ 0.8
总磷（%）	0.43	0.52	0.65 ~ 0.80
有效磷（%）	0.17	0.23	0.35 ~ 0.45
赖氨酸（%）	0.7	0.97	0.99 ~ 1.00
蛋氨酸（%）	0.19	0.28	0.27
蛋氨酸+胱氨酸（%）	0.4	0.57	0.59
苏氨酸（%）	0.48	0.64	0.65

Ⅵ-4.1.3 生长育肥猪营养需求——育肥后期

项目	NRC（2012）	推荐建议
体重（千克）	75 ~ 100	90至出栏
每千克消化能（千卡）	3 402	3 200 ~ 3 250
粗蛋白质（%）	13.2	15.0 ~ 16.0
钙（%）	0.52	0.65 ~ 0.75
总磷（%）	0.47	0.60 ~ 0.75

（续）

项目	NRC（2012）	推荐建议
有效磷（%）	0.21	0.35 ~ 0.45
赖氨酸（%）	0.84	0.84 ~ 0.85
蛋氨酸（%）	0.25	0.23
蛋氨酸+胱氨酸（%）	0.5	0.51
苏氨酸（%）	0.56	0.55

Ⅵ-4.2　生长育肥猪饲喂方案

阶段	饲喂方法	饲喂饲料	每天采食量（克）
30 ~ 60千克（10 ~ 16周龄）	自由采食、少喂勤添（每天2 ~ 3次）	小猪料	1 900
60 ~ 90千克（16 ~ 21周龄）		中猪料	2 400
90千克至出栏（21 ~ 26周龄）		大猪料	3 200

Ⅵ-4.3　生长育肥猪饮水控制

项目	指标	要求
饮水要求	每分钟水流量（升）	1.5 ~ 2.0
	每天饮水量（升）	2.5 ~ 7.5
	每千克饲料耗水量（升）	2 ~ 3
	饮水器高度（厘米）	35 ~ 60
	饮水器类型	大号碗式或乳头饮水器（每10头育肥猪共用1个）
水质要求	pH	5 ~ 8
	每升水中的大肠埃希氏菌数（个）	<100
	每升水中的细菌数（个）	<105

VI-5 生长育肥舍环境控制及生物安全

VI-5.1 生长育肥舍环境控制

VI-5.1.1 生长育肥舍温湿度控制

项目	温度（℃）	湿度（%）
适宜温度	17 ~ 22	60 ~ 75
控制范围	15 ~ 28	50 ~ 80

检查清单：

1. 关注育肥猪的呼吸频率，呼吸开始急促时需采取有效的降温措施；
2. 育肥猪适宜采用喷淋降温，喷淋嘴提供应分布均匀，是向下直滴的大水滴，而不是喷雾（增加湿度，增加舍内闷热感），保证水凉爽。

VI-5.1.2 生长育肥舍通风控制

指标	季节	目标
每秒风速（米）	冬、春、秋季	0.3
	夏季	1.0
通风换气量［米³/（小时·千克）］	冬季	0.35
	春、秋季	0.45
	夏季	0.6

VI-5.1.3 生长育肥舍有害气体控制

指标	要求
每立方米气体中的氨气浓度（毫克）	≤20
每立方米气体中的硫化氢浓度（毫克）	≤10
每升气体中的二氧化碳浓度（毫克）	≤1 500
每立方米气体中的粉尘浓度浓度（毫克）	≤1.5
每立方米气体中的有害微生物数量（万个）	≤10

注：保证猪舍有效的通风，降低猪舍粉尘、有害气体等，可有效减缓呼吸道疾病。

VI-5.1.4 生长育肥舍光照控制

指标	要求
光照强度（勒克斯）	50 ~ 80
光照时间（小时）	10 ~ 12

检查清单：

育肥猪栏舍采用弱光光照，避免强光直照（猪活动更频繁）。

VI-5.1.5 生长育肥舍饲养密度控制

猪别	体重（千克）	每猪所占面积（米²）		每头可利用空间（米³）	漏缝地板适宜漏缝宽度（毫米）
		水泥地板	漏缝地板		
育肥猪	<70	0.9～1.0	0.5	2.0～2.5	15～18
	>70	1.2	0.8	2.5～3.0	18～20

检查清单：

1．饲养密度过大是当前普遍存在的"集约化疾病"，是中大猪高发病率、死亡率及高料重比的重要原因；

2．具体做法为：70千克左右将猪群中不均匀的个体调出分栏，保证猪群每头面积为1.2～1.5米²。

VI-5.2 生长育肥猪生物安全

VI-5.2.1 生长育肥猪免疫参考程序

见《保育仔猪免疫参考程序》。

VI-5.2.2 生长育肥猪保健驱虫方案

项目	时间	参考方案	使用时间	目的
保健	13周龄	每吨全价配合饲料添加支原净125克+强力霉素60克+氟苯尼考100克	连续7天	呼吸道保健
	18周龄	每吨全价配合饲料中添加阿莫西林100克+恩诺沙星60克	连续7天	广谱抗菌
驱虫	约50千克	伊维菌素粉剂拌料（或针剂每头1次）	连续5～7天	驱虫

VI-6 生长育肥猪饲养管理

VI-6.1 生长育肥猪饲养关键控制点

项目	检查清单
进猪前栏舍准备	全进全出，做好栏舍消毒（彻底消毒）
	空栏5～7天，进猪前保持栏舍干燥
	设备检修（料槽、饮水器、降温或保温设备等）
	用具及药品准备
分群	在分栏、保育猪转入时尽量原群保留
	将残次与健康仔猪分开喂养（每栋空出2～3个育肥栏用于仔猪的单独护理）

（续）

项目	检查清单
调教（三定位）	转入后前3天，训练猪群定吃、定排、定睡
饲喂	猪群转入时，保证充足干净饮水（添加抗应激药物）
	自由采食（日喂2～3次）
	正常采食后，保证每日空槽至少1次（至少1小时）
	换料是要循序渐进（过渡期3～5天），逐渐增加比例
	注意饲料浪费
管理	做好栏舍保温（或降温）工作
	保持舍内空气清新，减少舍内粉尘，做好保温与通风平衡
	保持合理的饲养密度
	及时清理类便（至少上、下午各一次），保持栏舍干燥、卫生
	每日巡视，病猪及时治疗、隔离，无价值及时淘汰

注：1. 粉尘颗粒是病毒传播的重要载体；
2. 粉尘是引发猪群呼吸道疾病的重要诱因；
3. 防止猪群发生应激。

5 猪场管理清单的完善与
培训

使用猪场管理清单的主要目的是为养猪生产者提供将事情做正确的方法，让正确的人做正确的事，迅速作出反应，避免操作失误，提高效率，减少人为差异。但是清单的要素是关键控制点，而不是大而全的操作手册。在执行猪场管理清单的过程中需要坚持以人为本，持续完善，团队中的每一个成员不仅是清单的执行者和检查者，更是清单持续完善的书写者。

即使是最简单的清单也需要不断改进，简洁和有效永远是矛盾的联合体，只有持续改善，才能让清单始终确保准确和稳定。

5.1　猪场二、三级管理清单的建立步骤

本书第4章主要呈现的是猪场管理的一级清单，建立了猪场的标准、数据、管理意识的基本概念。而每个猪场猪的品系、选择的饲料、栏舍结构、免疫程序等相差很大，猪场在实施层和操作层面的二、三级清单应该是根据自己的实际情况建立的适合自己猪场的二、三级清单，建立步骤如下：

（1）定义猪场每天的工作任务（可能有多个任务）。

（2）对每一个任务，记录操作时所做的每一个步骤，形成这个任务的工作清单雏形。

（3）下一次再做这项任务的时候，对比清单初稿，不断补充、修正、精简、完善。

（4）直到觉得清单完整，便可以作为标准使用，这个清单就算完成。

（5）按这样的步骤形成所有任务的清单。

（6）把它作为每天工作的检查工具，形成良好的工作习惯。

（7）当工作内容有改进或变化时，及时修订清单。

5.2　猪场二级管理清单示例

猪场二级管理清单就是在实施层面上的猪场标准化作业程序（SOP），建立的目的在于让实施层对于猪场的某项工作思路清晰，知道工作的流程，明白先做什么，后做什么，是对于工作目标的分解和工作过程的展开。具体见表5-1。

表5-1 二级管理清单示例：产房标准化作业程序

饲喂程序标准化	母猪	产前3天	①1.8千克/（头·日）；②湿料，哺乳料；③日喂2次	少喂，控料
		产前2天	①1.8千克/（头·日）；②湿料，哺乳料；③日喂2次	少喂，控料
		产前1天	①1.8千克/（头·日）；②湿料，哺乳料；③日喂2次	少喂，控料
		临产当天	不喂	分娩当天不喂料
		产后1~5天	①2.0+1×天数[千克/（头·日）]；②湿料，哺乳料；③日喂3~4次	逐渐增加
		产后8~25天	①2.5+0.5×带仔数量[千克/（头·日）]或自由采食；②湿料，哺乳料；③日喂3~4次	采食最大化，保证足够奶水
		断奶当天	不喂	断奶当天不喂料
	乳猪	3~7天	①诱食、少喂勤添，20~30克/（天·窝）；②干料，教槽料；③日喂3~4次	诱食，熟悉教槽料
		7~14天	①开食、少量勤添，40~60克/（天·窝）；②干料，教槽料；③日喂4~6次	逐渐采食，玩料阶段
		14~21天	①上槽，干湿教槽，20克/（头·日）；②干料+湿料教槽料；③日喂湿料2次，干料4次；④水料比：前3天为4:1，后期3:1	开始上槽，补充无奶水喝或只喝到少量奶水的乳猪
		22~25天（断奶）	①过渡，干湿教槽，30克/（头·日）；②干料+湿料教槽料；③日喂湿料2次，干料4次；④水料比，前期3:1转变到2:1	断奶，从奶水转变为饲料，营养的过渡
岗位操作标准化	母猪护理	产前护理	①预产期标记，方便观察、控制饲喂等；②上产床前母猪清洗消毒，让母猪减少细菌感染，对仔猪起到保护作用；③标准喂料：产前3天为1.8千克/天；④临产前7天上产床，尽量给母猪提供一个舒适安静的环境，避免母猪产前发烧	
		产前准备	①手术剪刀、剪牙钳、注射器需清洗干净再煮沸消毒等待使用；②准备好消毒好的毛巾、地毯、麻袋、棉线、保温灯、干燥粉、水桶、碘酊、高锰酸钾、石蜡油等接生工具；③保温箱提前预热	
		判断分娩	根据母猪预产期：如阴门红肿，频频排尿，起卧不安，1~2天内分娩	
			乳房有光泽，两侧乳房外涨，全部乳房有较多乳汁排出，4~12小时内分娩	
			有羊水破出，2小时内可分娩，个别初产母猪情况可能特殊	
		接产	有专人看管每次离开时间不超过半个小时，夜班人员下班前填写《夜班人员值班记录表》	
			产前母猪用0.1%KMnO₄清洗消毒外阴、乳房及腿臀部，产栏要消毒干净	
			仔猪出生后立即用毛巾将口鼻黏液擦干净，猪体擦干，然后断脐，离脐带根3~4厘米断脐结扎，防止流血，用5%碘酊消毒。放保温箱10~15分钟保温，保持箱内温度35~37℃，防止贼风侵入	
			发现假死猪及时抢救，先将口鼻黏液或羊水倒流出来或抹干，可打樟脑1毫升，或进行人工呼吸	
			产后检查胎衣或死胎是否完全排出，可看母猪是否有努责或产仔体温升高，如有此情况出现，可打催产素可进行适当处理	
			仔猪吃初乳前，每个乳头挤几滴奶，初生重小的放在前面乳头	
		难产的判断	有羊水排出、强烈努责后1~2小时仍无仔猪产出或产仔间隔超过1小时，即视为难产，需要助产	
		助产	用手由前向后用力挤压腹部	
			对产仔消耗过多母猪右进行补液，有助于分娩	
			注射缩宫素20~40国际单位，要注意在子宫口开张时使用	
		人工助产	以上几种方法无效或由于胎儿过大，胎位不正，骨盆狭窄等原因造成难产的，应立即人工助产	

（续）

岗位操作标准化	母猪护理	人工助产	母猪肌内注射氯前列烯醇2毫升
			助产人员剪平指甲，用0.1%KMnO₄消毒水消毒，用石蜡油润滑手、臂
			随着子宫收缩节律慢慢伸入阴道内，子宫扩张时抓住仔猪下颌部或后腿慢慢将其向外拉出
			产后肌内注射抗生素3天，以防子宫炎，阴道炎的发生
		产后护理	产后3天抗生素消炎，产床及时清理、保持卫生干燥，无乳母猪可用中药催乳
	仔猪护理	温度控制	保温箱1~3天体感37℃，4~7天32℃，第2周28℃，第3周26℃；产房温度18~22℃；根据小猪睡姿调节保温灯高度，功率，开关，根据室内温度调节风机
		剪牙	吃初乳后6~24小时，剪掉2/3，剪牙剪用0.5%碘酊消毒，牙齿剪平整，并涂抹阿莫西林粉
		断尾	留2~3厘米，创面消毒，第2天再消毒一次
		补铁	3天内补铁每头2毫升（150~200毫克）
		寄养	分娩当天寄养，大小均匀，挑出奶水最好的母猪带弱仔，寄养后观察仔猪哺乳情况，以后根据仔猪大小及母猪奶水情况每周调整1次
		阉割	5~7天阉割，切口不宜太大，也不要用力过大拉睾丸，术后用5%碘酊消毒
		教槽	7~14日龄教槽，1天4次，做到少喂多餐，每次加料之前剩余的给母猪吃
		训练乳猪进保温箱	产后第1天关进保温箱（3~4次），产后第2天饲喂母猪时关进保温箱（2~3次），产后第3天饲喂母猪时关进保温箱（2~3次）；减少60%的压死猪，发现保温箱内有粪便尿液及时清理干净，后期乳猪睡觉均在保温箱内
免疫保健标准化	免疫	疫苗运输	要用专用疫苗箱如泡沫箱，里面放置冰块，尽量减少疫苗在运输途中的时间
		疫苗保存	必须按要求进行保存，一般冻干疫苗需冰冻保存，液体油苗需4~8℃保存
		疫苗准备	①注射用具必须清洗干净，经煮沸消毒时间不少于10分钟，待针管冷却后方可使用；②疫苗使用前要检查疫苗的质量，如颜色、包装、生产日期、批号；③稀释疫苗必须用规定的稀释液，按规定稀释
		疫苗注射及注意事项	①由专人负责注射疫苗，严禁漏打；②做好免疫记录，以备以后查看；③严禁使用粗短针头和打飞针，如打了飞针或注射部位流血，一定要补一针疫苗；④有病的猪只不能注射疫苗，病愈后补注；⑤注射疫苗出现过敏反应的猪只，可用肾上腺素等抗过敏药物抢救或者用注射器扎一鼻子，并用冷水淋在猪鼻子处；⑥疫苗稀释后必须在2小时内用完；⑦两种疫苗不能混合使用，同时注射两种疫苗时，要分开在颈部两侧注射；⑧多余疫苗未开封时放入4℃保存，疫苗药瓶需经过煮沸消毒后深度掩埋或集中焚烧，不能随意丢弃
	保健	母猪保健	全群保健1个季度1次，分娩母猪产前产后1周保健
		仔猪保健	采取必要抗应激措施，如断奶猪饮水添加多维，防止应激

（续）

		蜘蛛网	①房顶、房梁、天花板；②窗户、窗帘、墙壁；③电风扇、水管、插排；④料槽（饲料霉变）地面、漏粪板及猪栏，每周彻底打扫一次
环境卫生标准化	舍内	粪便	①栏舍内每天至少2次打扫清理粪便；②产房应时刻清理粪便。清扫后进行必要的清洗，但要节约用水。下午下班前将猪粪打包集中处理
		生产垃圾	使用过的药盒、药瓶、输液器具、疫苗瓶和胎衣等，分类妥善归于一处，适时销毁处理
		饲料包装袋	每天将用完的饲料包装袋进行分类整理并打包，统一放到储藏室
		栏舍过道	每天都要进行清扫，过道一般不要用水冲（夏季中午、下午可以冲洗），要保持干燥
		温度及通风	夏季及时开启降温设备（如卷帘、水帘、冷风机、风扇等），冬季温度低时及时开启保温设备（如保温灯、锅炉、关闭门窗等），确保温度在合适范围
			及时开启通风、排风系统（开关门、窗，开启风扇、排风扇等），避免贼风直接吹向猪只，同时注意保温
		物品摆放	①产房生产工具（保温灯、盖板、垫布、料铲、料车、扫把、粪铲、接产工具等应置在固定地点；②药品工具等不得乱摆乱放；③饲料分类摆放整齐；④无关生产的物品不得在栏舍内
	舍外	赶猪通道及道路	每周对猪场内主干道、赶猪通道及其他必须打扫的区域，进行1次打扫，每月进行一次消毒
		粪便处理	粪池粪便及时清理，处理不了的粪污排入发沼池内发酵
		杂草、杂物	周边5米内无杂草、杂物，定期清理（每月至少一次）
		物品摆放	物品归类、定点标识，消毒盆固定在门口，无关生产的东西清理干净
消毒防疫标准化	栏舍清洗消毒	安全	①冲洗时室内电源关掉；②穿绝缘靴子戴绝缘手套
		清理	①空栏后需将栏舍内保温灯泡、饲料等防水的物品收起；②栏内垃圾收集好统一丢到垃圾池处理，以防堵塞下水道；③清理母仔猪料槽剩料
		清扫	①洗栏前需先把栏舍内蜘蛛网打扫干净；②清扫灰尘、污物等
		浸泡与清洗	①5%火碱或洗衣粉浸泡20分钟以上；②洗栏标准：地面、漏缝板正面及缝隙两侧、产床、水管、料槽、料车、保温箱及保温箱盖等需清洗干净；③水泡粪地下的猪需冲洗干净，保持物件本色，不留卫生死角
		空栏消毒	①栏舍冲洗干净并干燥后用福或康等消毒药消毒一次，待干燥后再用不同消毒药进行二次消毒；②二次消毒干燥后再用石灰水喷洒产床及墙壁离地一米的区域不留死角
		设备检修	进猪前检查栏舍内插板、饮水器、降温设备是否正常，如有问题及时维修
		物品摆放	洗完栏后仔猪料槽及保温箱盖统一摆放整齐，一栏一个
	日常消毒	栏舍及其周边	一周2次对栏舍内外消毒，2次使用不同消毒药
		转栏消毒	转栏时用刺激性小的消毒药对猪只进行消毒
		脚踏消毒池	门口脚踏盆消毒药1周更换2次，进出栏舍需踩踏消毒
		消毒记录	做好消毒记录（消毒时间、消毒药浓度、消毒方式等）
	饮水系统消毒	饮水消毒	一个月一次用1∶1000或漂白粉对水塔、管道消毒
	病死猪处理	无害化处理	死亡猪只深埋，化尸坑周围撒石灰
	蚊虫、鼠害	灭鼠灭虫	一个季度至少进行一次药物灭鼠，平时动员员工人工灭鼠，每月定期灭蝇灭蚊

5.3 猪场三级管理清单示例

　　三级清单是操作层面的标准化作业程序（SOP），其建立的目的在于让操作层知道工作要做到什么程度，是对于二级清单的展开。三级清单要求中心明确、可操作性强，如果辅以图片的形式则会使清单更加清晰明了。在猪场的某项工作的具体操作中，员工参照三级清单，简单培训就能够独立操作该项工作，这也是猪场迈向工厂化流程生产的特点之一。

三级管理清单示例1：公猪精液稀释标准化操作书（SOP）

　　目的：保护脆弱的精子，保持精子的高活力，提高公猪精液的利用率。

步骤一：稀释液的制作

1　烘箱中取出干燥灭菌的1 000毫升烧杯，加入1 000毫升的双蒸馏水。

2　按1 000毫升双蒸馏水：1包稀释粉的比例，将稀释粉加入水中。

3　将烧杯置于磁力搅拌器上，保持磁力棒位于烧杯中心，搅拌5分钟，使稀释粉完全溶解。

4 将烧杯放入37℃恒温水浴锅中备用。

步骤二：精液稀释

1 从37℃烘箱中取出加热好的量杯，放到电子秤上，将电子称归零。

2 将采集好的精液从采精杯中取出，轻柔地放入量杯中。

3 精液称重：待电子秤读数稳定后，读取并记录读数。

4 密度与活力检测：用清洁干燥玻璃棒取精液一滴，滴在37℃预热好的载玻片上，盖好盖玻片。

5 将载玻片放到400倍显微镜下观察，记录精液密度和活力，并计算出稀释液的用量（详见第4章Ⅰ-6.4.5公猪精液的稀释与保存）。

6 将算好用量的稀释液沿着玻璃棒缓慢的倒入量杯中（稀释液与精液的温差不要超过1℃）。

7 再次在显微镜下观察稀释后精子的密度与活力。

步骤三：精液的分装

1 将稀释好的精液缓缓地倒入精液瓶中，每瓶80毫升。

2 挤出精液瓶中的空气，并盖好瓶盖，精液瓶上写上公猪耳号，并在记录本上做好记录。

步骤四：精液的保存

分装好的精液用毛巾盖好，22～25℃室温下1小时后放入16℃恒温冰箱中保存，并用毛巾盖好，每隔4小时轻摇一次。

三级管理清单示例2：配种舍输精操作化标准书（SOP）

目的：保证母猪的高受胎率、高产仔数，降低母猪生殖道感染的概率。

输精频率与次数：每日2次（7：00、17：00）；每头母猪累计输精次数：2～3次。

步骤一：母猪清洗消毒

1 配种前先用0.1%KMnO$_4$消毒水清洁母猪尾根、外阴周围，先两边再中间。

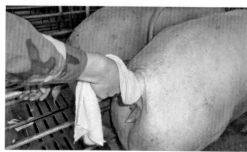

2 10～15分钟后再用温和清水洗去消毒水，先中间后两边。

3 用卫生纸由内向外抹干外阴。

步骤二：公猪诱情

将公猪赶至配种栏待配母猪前面，并用铁栏围好，使母猪在输精时与公猪有口鼻接触，1头公猪可刺激5头母猪。

步骤三：刺激母猪

将特制的沙袋（经产母猪15千克，后备母猪10千克）压在待配母猪腰部，模拟公猪爬跨。

步骤四：输精

1 取出输精管，将润滑剂涂抹在海绵体顶端斜面上，为防止输精管头污染，只需露出海绵体，手与润滑液瓶不能接触海绵体。

2 左手撑开外阴，将输精管先斜下45度插入，再斜上45度避开尿道口插入阴道。

3 逆时针推入直到遇到较大阻力轻轻回拉，感觉阻力即可，检查输精管是否锁定。

4 从保温箱取出相对应的公猪精液，先确认标签正确后，再将精液轻轻摇匀。

5 打开精液瓶口，插在输精管中，将管内的空气排尽。

6 待空气排完后，用针头在精液瓶顶部扎孔。

7 将精液瓶呈斜上方倒立，让母猪将精液缓慢吸入。控制输精速度，每头母猪输精5～10分钟，输精时按摩母猪外阴和乳房。

8 输精结束后，将钉帽插入输精管尾部，将输精管尾部末端折入输精瓶中。母猪每日输精次数：2次；每头母猪累计输精次数：2~3次。

步骤五：卫生清理

5分钟后以顺时针方向缓慢取出输精管后并丢入垃圾袋，清理垃圾，将公猪赶回栏舍。

步骤六：配种记录填写

配种完成后要进行记录并对配种过程中母猪的静立程度、输精管锁定程度、精液倒流情况进行评分。

三级管理清单示例3：猪场分娩舍接产标准化操作书（SOP）

目的：仔猪在出生过程中很容易脐带断裂缺氧，因此及时、规范的接生能降低仔猪出生死亡率；另外，母猪分娩过程中会发生难产和产道感染，因此规范的接产操作还能降低母猪分娩风险及产后炎症的发生。

步骤一：分娩的判断

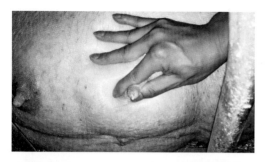

1 母猪前面的乳头出现浓乳汁，则24小时左右后可能分娩；中间的乳头出现浓乳汁，12小时左右后可能分娩；后边的乳头出现浓乳汁，3~6小时后可能分娩。

2 母猪羊水流出，则2小时以内分娩。

步骤二：接生物品的准备

1 消毒水的准备：在一桶清水中倒入高锰酸钾，配成0.1%的高锰酸钾溶液（溶液成粉红色）。

2 接生物品和工具的准备：消毒好的毛巾、碘酒、棉线、干燥粉、手术剪刀、剪牙钳、水桶等。

3 保温箱预热：打开保温灯，将保温箱进行预热，箱底垫上布垫。

步骤三：母猪的清洗

用0.1%高锰酸钾溶液依次清洗母猪外阴，乳房，腿臀部及产栏。

步骤四：接生

1 观察母猪产仔情况，仔猪露出后肢或头部出来后马上接产。

2 擦干仔猪：仔猪产出后，用毛巾及时将仔猪口鼻黏液擦拭干净，然后再将其全身擦干。

3 脐带结扎：用消毒过的细绳在离脐带根2~3厘米处将脐带结扎。

4 用消毒过的剪刀在距结扎口1厘米处将脐带剪断。

5 用碘酒对脐带进行消毒处理。

6 在仔猪身上撒上干燥粉，使仔猪尽快干燥。

7 抗生素的灌服：根据猪场的
情况给仔猪灌服抗生素。

8 将仔猪放入保温箱中，保
持箱内温度35～37℃，防
止贼风侵入，接生完毕后
做好母猪产仔记录。

5.4 猪场管理清单的运用培训

　　猪场管理清单的建立，特别是操作层面的清单，应发挥的重要作用之一是让基础工作做到统一标准的程度。而在传统的猪场里新员工学习工作技能时，所学到的只能是教授过程中的一些偶然的大致工作方式，然后自己在工作中填充一些细节性内容。结果是每个人都按照自己的方式工作，没有形成统一的标准，造成的工作差异性大。

　　现在有了明确的操作清单，可参照以下步骤进行运用管理清单的培训工作。

5.4.1 培训初始阶段

（1）消除新员工的紧张感。

（2）对清单进行讲解。

（3）了解员工对这项工作的熟悉度。

（4）让学员对这些工作产生兴趣。

（5）将员工安排在合理位置，可以清楚看到示范操作。

5.4.2 现场教学示范

（1）第一次讲解　一次性展示并解释其主要步骤。

（2）第二次讲解　强调每个关键点。

（3）第三次讲解　解释每个关键步骤和关键点的原因。

（4）清楚、完整、耐心的讲解。

5.4.3 新员工自己动手操作

（1）第一次操作　让员工自己操作并纠正自己的错误。

（2）第二次操作　让员工在操作中解释每个因素及各个步骤。

（3）第三次操作　让员工在再次操作中解释此项工作中的关键点。

（4）第四次操作　让员工再次解释为何这样操作的原因。

（5）继续操作　直到员工完全掌握为止。

5.4.4 注意事项

（1）让新员工单独操作，但随时有人过来巡查。

（2）给新员工指定可以去咨询并得到帮助的人。

（3）经常检查其工作。

（4）要鼓励新员工去提问。

（5）给予任何必需的额外指导，逐渐停止跟随。

6 大数据在猪场清单式
管理中发挥的作用

6.1 实现猪场盈利目标的第一步——数据的建立

没有测量数据，就没有改进。

——威廉·汤姆森（爱尔兰数学物理学家、工程师，热力学之父）

猪场现代化管理的第一步就是建立能够监测生产的数据体系。

传统的猪场管理常常是靠"感觉"来衡量猪的生产情况、饲养员成绩的好坏。说到数据，那都在老板的"脑子"里面！

人类其实不是理性的动物，是惯性和感觉导向的，该如何走出这种惯性和感觉呢？用数据分析！过程管理导向大师戴明和目标管理导向大师德鲁克在诸多思想上都持对立观点，但"不会量化就无法管理"的理念却是两人智慧的共识。因此，量化——数据体系的建立，是猪场现代化管理的第一步！不同管理理论比较见表6-1。

表6-1 不同管理理论比较

项目	管理理论	特点	宗旨
戴明博士（1900—1993年），世界著名的质量管理专家	过程管理	强调从生产准备开始，顺向安排出管理的方案，强调"全面质量"（以"因"为导向）	全面质量管理，持续改善，员工参与，团队精神，注重过程而不是结果
彼得·德鲁克（1909—2005年），被称为现代管理学之父	目标管理	强调从目标着眼，逆向推导出管理的要求，更强调"卓越绩效"（以"果"为导向）	把管理的着眼点放在目标上，而不是放在过程上；以目标为导向，以人为中心，以成果为标准

6.2 如何建立现代化猪场的数据管理报表体系

建立好猪场管理清单后，我们就已经有了做事的标准，对工作提出了期望和要求。但仅有要求和期望是远远不够的，因为人们往往会倾向于做检查的事情，而不是期待的事情。我们将期待的事情（目标标准）制定成各级管理清单，将要检查的事情（现实数据）制定成各种数据管理报表，从而建立起猪场的数据管理报表体系，可以简单地概述为"高标准、严要求"六个字。

（1）高标准　将各个关键控制点的要求转换成各管理清单标准，醒目简洁。

（2）严要求　依照标准清单进行检查，并做好数字记录，使行为符合标准。

猪场管理清单的建立，对工作目标、业务流程、操作要点都有了数据化的标准。根据这些标准建立起一套清晰完整的数据管理报表体系，对所有流程环节均有一系列的报表记录与之相对应的实际情况。接下来就要用标准这面镜子照出工作不到位的地方，用标准这把"尺子"测出实际与标准的差距有多大，从而发现问题、解决问题，这样才能从以前"凭感觉、差不多"的做事方式进步到猪场现代化管理所要求的精准规范。

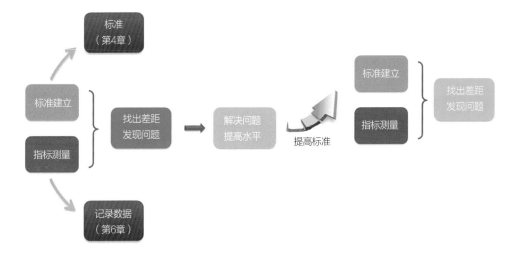

猪场中的问题，就是现实状态与目标标准之间的差距。现实与标准差距越小，问题就越小；反之，现实与标准差距越大，问题就越大。当我们通过上下努力，现实状态已经接近或达到标准时，可以提出一个更高的标准要求，形成螺旋式上升，不断提高我们的现实水平。

6.3 猪场数据管理报表体系一览表

猪场清单式管理是紧紧围绕着"猪场盈利、永续经营"这一目标逐一展开工作的，因此，猪场也应该围绕着这一目标来设计自己的数据管理报表体系。

猪场数据管理报表体系总体可以分为四大类：猪场利润报表体系、猪场PMSY报表体系、猪场料重比（FCR）报表体系、猪场生物安全报表体系。

在内容方面，猪场利润报表体系是从经营管理的角度来进行报表的统计分析，PMSY报表体系和FCR报表体系是从生产管理的角度来进行报表的统计分析，同时也为猪场利润报表的建立起了支撑作用，两者相辅相成，反映出猪场经营目标和生产目标的具体情况。再加上猪场生物安全报表体系的建立，从而构成了整个猪场健全、完整的数据管理报表体系（图6-1）。

图6-1 猪场管理报表体系

为了方便读者查询，猪场数据管理报表体系也采用了一览表的形式对报表进行汇总和分类。和猪场管理一级清单一览表的格式一样，猪场管理报表体系一览表也是用横纵两坐标矩阵排列的方式来列出内容，横轴是根据报表管理的层级列出，纵轴是根据报表体系的分类来列出（表6-2）。这样，猪场人员即可根据自己的需要查询到对应序号的猪场数据管理报表模板。

同时，本着对标分析的原则，在各个报表体系中，我们设定的数据管理表格中通常都会将期待的事情（标准）放在第一列，再列出要求测量、记录的实际数据，从而找出差距，提高成绩。

猪场数据管理报表体系本着务实的宗旨，重在指导猪场日常管理行为，克服现有一般管理方式抽象化和模糊化弊端所导致的多种问题。因此，在猪场的现代化管理过程中，应给予越来越多的关注和运用。

表6-2　猪场数据管理报表体系一览表

报表类别 ＼ 报表层级	1级报表 总经理负责	2级报表 场长负责	3级报表 组长/兽医/财务负责	4级报表 饲养员负责
Ⅰ 猪场利润报表体系	Ⅰ-1.1猪场盈亏表	Ⅰ-2.1收入一览表	Ⅰ-3.1猪只销售收入报表	
		Ⅰ-2.2支出一览表	Ⅰ-3.2饲料耗用金额表	
			Ⅰ-3.3兽药耗用金额表	
			Ⅰ-3.4疫苗耗用金额表	
	Ⅰ-1.2商品猪成本汇总表		Ⅰ-3.5仔猪费用分摊	
			Ⅰ-3.6保育费用分摊	
			Ⅰ-3.7育肥费用分摊	
Ⅱ 猪场PMSY报表体系	Ⅱ-1生产力指标表	Ⅱ-2猪场月报表	Ⅱ-3.1配种舍周报	Ⅱ-4.1配种舍存栏报表
				Ⅱ-4.2配种记录表
				Ⅱ-4.3后备母猪查情记录表
				Ⅱ-4.4批次断奶母猪配种跟踪表
				Ⅱ-4.5 B超妊娠监测表
			Ⅱ-3.2分娩舍周报	Ⅱ-4.6分娩舍存栏报表
				Ⅱ-4.7产仔记录表
			Ⅱ-3.3保育舍周报	Ⅱ-4.8保育舍存栏报表
			Ⅱ~3.4育肥舍周报	Ⅱ-4.9育肥舍存栏报表
			Ⅱ-3.5公猪舍周报	Ⅱ-4.10公猪舍存栏报表
				Ⅱ-4.11采精记录表
				Ⅱ-4.12采精频率表
Ⅲ 猪场料肉比（FCR）报表体系	Ⅲ-1.1 FCR报表	Ⅲ-2猪场月报表	Ⅲ-3.1分娩舍周报	Ⅲ-4.1分娩舍存栏及饲喂报表
			Ⅲ-3.2妊娠舍周报	Ⅲ-4.2妊娠舍存栏及饲喂报表
			Ⅲ-3.3保育舍周报	Ⅲ-4.3保育舍存栏及饲喂报表
				Ⅲ-4.4保育套餐用量对比表
			Ⅲ-3.4育肥舍周报	Ⅲ-4.5育肥舍存栏及饲喂报表
				Ⅲ-4.6育肥套餐用量对比表
			Ⅲ-3.5公猪舍周报	Ⅲ-4.7公猪舍存栏及饲喂报表
	Ⅲ-1.2猪群结构表			
Ⅳ 猪场生物安全报表体系	Ⅳ-1猪场兽医服务检查表	Ⅳ-2猪场生物安全整体评分表	Ⅳ-3.1水质检测报告	
			Ⅳ-3.2饮水流量标准	
			Ⅳ-3.3抗体检测项目表	
			Ⅳ-3.4采样分布比例记录表	
			Ⅳ-3.5猪场个体采样记录表	
			Ⅳ-3.6外来人员登记表	
			Ⅳ-3.7猪舍空栏/带猪消毒表	
			Ⅳ-3.8场内流行病记录表	
			Ⅳ-3.9分娩舍批次免疫记录表	
			Ⅳ-3.10保育舍批次免疫记录表	
			Ⅳ-3.11育肥舍批次免疫记录表	

注：读者可以根据一览表中的表格编号在本章中找到对应的猪场管理报表模板。

6.4　　猪场利润报表体系

养猪最终是为了盈利，因此猪场利润报表体系就是要让猪场老板知道猪场赚钱与否。本节并非站在专业财务的角度来分析猪场利润，只是从经营管理层面提出方向性的建议，以期通过这些报表的统计与分析能让猪场老板知道猪场利润的多少。

6.4.1　猪场利润报表体系的层级

猪场利润报表体系分为三个层级，一级报表主要供总经理负责，如Ⅰ-1.2商品猪成本汇总表主要是把猪场的成本分为仔猪、保育、育肥和其他管理分摊，让经营者更能清晰地分析出每阶段的成本，做调整计划；二级报表由场长负责；三级报表是最基础的数据汇总表（主要涉及财务金额），由组长或财务负责（表6-3）。

表6-3　猪场利润报表体系

报表层级	一级报表	二级报表	三级报表
	总经理负责	场长负责	组长或财务负责
猪场利润报表体系	猪场盈亏表	收入一览表	猪只销售收入报表
		支出一览表	饲料耗用金额表
			兽药耗用金额表
			疫苗耗用金额表
	商品猪成本汇总表	仔猪费用分摊	
		保育费用分摊	
		育肥费用分摊	

6.4.2　猪场利润报表体系各支撑报表模板

Ⅰ-1.1　猪场盈亏表

项目	1月	2月	3月	……	11月	12月	合计
营业收入（元）							
营业支出（元）							
存栏差（元）							
毛利润（元）							

I-1.2　商品猪成本汇总表

阶段	名称	标准	1月	2月	……	12月	全年平均
每头断奶仔猪的饲养成本（元）	饲料						
	疫苗						
	兽药						
	水电						
	人工						
	小计	240					
每头保育猪的饲养成本（元）	饲料						
	疫苗						
	兽药						
	水电						
	人工						
	小计	215					
每头育肥猪的饲养成本（元）	饲料						
	疫苗						
	兽药						
	水电						
	人工						
	小计	765					
每头商品猪的饲养成本合计（元）		1 220					
平均出售每头肥猪重量（千克）		110					
每头商品猪成本合计（元）		5.55					

注：本表标准不包括租金、折旧、利息、后勤工资及其他管理费用。

I-2.1　收入一览表

项目		1月	2月	3月	……	11月	12月	合计
猪只销售金额（元）	正品肥猪							
	正品保育							
	残次肥猪							
	残次保育							
	淘汰母猪							
	淘汰公猪							
	小计							

（续）

项目	1月	2月	3月	……	11月	12月	合计
销售饲料袋（元）							
销售猪粪（元）							
其他收入（元）							
小计（元）							
总计（元）							

注：此表可以计算出销售收入。

Ⅰ-2.2　支出一览表

项目		1月	2月	……	11月	12月	合计
固定费用（元）	租赁费						
	折旧费						
	小计						
主要变动费用（元）	饲料						
	兽药						
	疫苗						
	生产人员薪资						
	小计						
其他变动费用（元）	后勤人员薪资						
	运杂费						
	行政管理费						
	小计						
支出总计（元）							

Ⅰ-3.1　猪只销售收入报表

月份	正品肥猪					正品保育					残次肥猪					残次保育					母猪淘汰				
	销售数量（头）	总重（千克）	均重（千克/头）	销售金额（元）	均价（元/千克）	数量（头）	总重（千克）	均重（千克/头）	销售金额（元）	均价（元/千克）	数量（头）	总重（千克）	均重（千克/头）	销售金额（元）	均价（元/千克）	数量（头）	总重（千克）	均重（千克/头）	销售金额（元）	均价（元/头）	数量（头）	总重（千克）	均重（千克/头）	销售金额（元）	均价（元/头）
1月																									
……月																									
总计																									

Ⅰ-3.2　饲料耗用金额表

	饲料种类	1月			……	12月			合计	
		数量（吨）	单价（元）	金额（元）		数量（吨）	单价（元）	金额（元）	数量（吨）	金额（元）
仔猪饲料	后备料									
	公猪料									
仔猪饲料	怀孕料									
	哺乳料									
	小计									
保育料	教槽料									
	前保									
	后保									
	小计									
肥猪料	小猪料									
	中猪料									
	大猪料									
	小计									
总计										

Ⅰ-3.3　兽药耗用金额表（单位：元）

猪舍	月份	1月			……	12月			合计	
	兽药名称	数量	单价	金额		数量	单价	金额	数量	金额
母猪区										
	小计									
保育区										
	小计									

（续）

猪舍	月份	1月			……	12月			合计	
	兽药名称	数量	单价	金额		数量	单价	金额	数量	金额
肥猪区										
	小计									
合计										

I-3.4 疫苗耗用金额表（单位：元）

猪舍	月份	1月			……	12月			合计	
	疫苗名称	数量	单价	金额		数量	单价	金额	数量	金额
母猪区										
	小计									
保育区										
	小计									
肥猪区										
	小计									
总计										

I-3.5 仔猪费用分摊表

类别	项目	标准	1月	……	12月	年均
费用项目（元/头）	母猪存栏（头）					
	哺乳料					
	怀孕料					

（续）

类别	项目	标准	1月	……	12月	年均
费用项目（元/头）	公猪料					
	后备料					
	饲料小计					
	PSY21头					
	疫苗					
	兽药					
	水电					
	人工（薪资）					
	其他小计					
	PSY21头					
指标	出生健仔数（头）					
	转保数（头）					
	PSY成本（元/头）					

Ⅰ-3.6 保育猪费用分摊表

指标	项目	标准	1月	2月	……	12月	全年平均
费用项目（元/头）	教槽料						
	前保						
	后保						
	饲料小计						
	疫苗						
	兽药						
	水电						
	人工（薪资）						
	其他小计						
指标	转出数（头）						
	转保均重（千克）						
	费用分摊（元/头）						

I-3.7 育肥猪费用分摊表

类别	项目	标准	1月	2月	……	12月	全年平均
费用项目（元/头）	小猪料						
	中大猪料						
	饲料小计						
	疫苗						
	兽药						
	水电						
	人工（薪资）						
	其他小计						
指标	销售正品数（头）						
	销售重（千克）						
	平均重（千克）						
	费用分摊（元/头）						

6.5 猪场PMSY报表体系

　　猪场PMSY的水平直接关系着猪场收入的多少，而猪场PMSY又与猪场生产中的许多生产指标息息相关。通过猪场栏舍基础生产报表的记录与汇总，猪场就可以得到猪场的生产力水平现状；同时，也可以根据猪场生产力水平制定相应的猪场绩效制度，从而改善猪场的生产管理。

6.5.1 猪场PMSY报表体系的层级

　　猪场PMSY报表体系分为四个层级，每个层级的报表都由不同职责的人员负责。由各个栏舍的基础报表汇总得出周报，周报再汇总为月报，月报再汇总为一级报表（表6-4）。一级报表为整年报表，可以反映出猪场一年的生产力指标水平，从而得出猪场的PMSY。

表6-4 猪场PMSY报表体系

报表层级	一级报表	二级报表	三级报表	四级报表
	总经理负责	场长负责	组长负责	饲养员负责
猪场PMSY报表体系	生产力指标表	猪场月报表	配种舍周报	配种舍存栏报表
				配种记录表
				后备母猪查情记录
				批次断奶母猪配种跟踪表
				B超妊娠监测表
			分娩舍周报	分娩舍存栏报表
				产仔记录表
			保育舍周报	保育舍存栏报表
			育肥舍周报	育肥舍存栏报表
			公猪舍周报	公猪舍存栏报表
				采精记录表
				采精频率表

6.5.2 猪场PMSY报表体系各支撑报表模板

Ⅱ-1 生产力指标表

参数	标准	每月指标				
		1月	2月	……	12月	全年
基础母猪数（头）						
母猪淘汰数（头）						
更新率（%）	35					
母猪死亡数（头）						
母猪死亡率%	<3					
配种分娩率（%）	85					
受孕率（%）	95					
断奶至配种间隔（天）	7					
断奶7天内配种率（%）	90					
窝产仔数（头）	11.7					
活仔数（窝）	11					

（续）

参数	标准	每月指标				全年
		1月	2月	……	12月	
弱仔比例（%）	<5					
死胎比例（%）	<5					
木乃伊比例（%）	<1.5					
窝均断奶数（头）	10.5					
断奶日龄（天）	25					
头均断奶重（千克）	8					
产房成活率（%）	95					
保育成活率（%）	96					
育肥成活率（%）	98					
非生产天数（non-productive days，NPD）	43					
窝数/母猪/年	2.3					
PSY	24					
PMSY	22.5					

Ⅱ-2 猪场月报表

自 年 月 日起至 年 月 日止第 月							
种猪							
分类 项目	公猪（头）		后备 母猪	基础母猪（月平均存栏头）			合计
	公猪	后备 公猪		空断 母猪	妊娠 母猪	哺乳 母猪	小计	
初存								
转入								
转出								
淘汰								
死亡								
末存								
配种头数	后备母猪：头			经产母猪：头				
异常情况	流产：头			返情：头				
前114天 配种数				配种 分娩率				
产仔栏（月平均存栏头）				保育栏（月平均存栏头）				

（续）

类别	数量（头）	重量（千克）	类别	数量（头）	重量（千克）
初存			初存		
产仔窝数			转入		
总仔数			转出		
健仔			淘汰		
弱仔			销售		
死胎			死亡		
木乃伊			末存		
畸形					
断奶					
死亡					
末存					

育肥猪（月平均存栏头数）

类别	数量（头）	重量（千克）	类别	数量（头）	重量（千克）
初存			宰杀		
转入			死亡		
销售			淘汰		
末存					
饲料用量（吨）	后备料： 哺乳料：	公猪料： 怀孕料：	饲料用量（吨）	教槽料： 后保料： 中猪料：	前保料： 小猪料： 大猪料：

单位负责人： 复核： 统计：

Ⅱ-3.1　配种舍周报

时间：年　月　日—　月　日，第　周，填表人：

项目 星期	配种情况（头）					变动情况（头）									存栏情况（头）						饲料耗用情况（千克）
						转入		转出	死亡			淘汰									
	断奶♀	返情♀	空怀♀	后备♀	合计	断奶♀	后备♀	怀孕♀	怀孕♀	空断♀	后备♀	怀孕♀	空断♀	后备♀	怀孕♀	断奶♀	空怀♀	生产♂	后备♀	合计	合计
日																					
……																					
合计																					

Ⅱ-3.2　分娩舍周报表

时间：年　月　日—　月　日，第　周，填表人：

项目 星期	期初存栏		分娩情况（头）							变动情况（头）						存栏情况（头）			饲料耗用（千克）	
										转入	转出		死亡		淘汰					
	母猪	仔猪	分娩胎数	产合格仔	弱仔	畸形	木乃伊	死胎	产总仔	临产♀	断奶♀	仔猪	基础♀	仔猪	基础♀	仔猪	哺乳♀	临产♀	仔猪	哺乳料	教槽料
日																					
……																					
合计																					

Ⅱ-3.3 保育舍周报表

项目	期初存栏（头）	转入（头）	转出（头）	淘汰（头）	死亡（头）	销售（头）	期末存栏（头）	饲料日耗料情况（千克）		
								教槽料	前保	后保
日										
……										
合计										

时间：年 月 日—月 日，第 周，填表人：

Ⅱ-3.4 育肥舍周报表

项目	期初存栏（头）	转入（头）	转出（头）	淘汰（头）	死亡（头）	销售（头）	期末存栏（头）	饲料日耗料情况（千克）	
								小猪料	中大猪料
日									
……									
合计									

时间：年 月 日—月 日，第 周，填表人：

Ⅱ-3.5 公猪舍周报表

星期	期初（头）		转入（头）		转出（头）		淘汰（头）		死亡（头）		期末存栏（头）		合计（头）	饲料日耗料情况（千克）	
	生产♂	后备♂	生产♂	后备♂	生产♂	后备♂	生产♂	后备♂	生产♂	后备♂	生产♂	后备♂		公猪料	合计
日															
……															
合计															

时间：年 月 日—月 日，第 周，填表人：

Ⅱ-4.1　配种妊娠舍存栏报表

栋号：						饲养员：			
日期	期初（头）	转入（头）	转出（头）	淘汰（头）	死亡（头）	期末（头）	妊娠料（千克）	哺乳料（千克）	备注
1									
2									

Ⅱ-4.2　配种记录表

序号	母猪耳号	胎次	情期	断奶/返情/后备	第一次配种		第二次配种		第三次配种		预产期	评分	配种员
					日期	公猪耳号	日期	公猪耳号	日期	公猪耳号			
1													
2													

Ⅱ-4.3　后备母猪查情记录表

序号	栏舍	母猪耳号	第一次发情日期	第二次发情日期	第三次发情日期	配种日期	备注
1							
2							

Ⅱ-4.4　批次断奶母猪配种跟踪记录表

序号	栏号	母猪耳号	断奶日期	断奶日龄	配种日期	断奶至配种间隔天数	B超测孕（√/×）	返情日期	流产日期	淘汰日期	死亡日期	备注
1												
2												

Ⅱ-4.5 B超妊娠监测表

序号	栏舍	母猪耳号	配种日期	B超监测日期	是否怀孕	备注
1						
2						

Ⅱ-4.6 分娩舍存栏报表

<table>
<tr><td colspan="2">栋号：</td><td colspan="4">饲养员：</td><td colspan="5">月份：</td><td colspan="3"></td></tr>
<tr><td rowspan="2">日期</td><td colspan="2">期初存栏</td><td colspan="2">调入/出生</td><td colspan="3">调出</td><td colspan="2">淘汰</td><td colspan="2">死亡</td><td colspan="2">期末存栏</td><td rowspan="2">哺乳料（千克）</td><td rowspan="2">教槽料（千克）</td><td rowspan="2">备注</td></tr>
<tr><td>母猪</td><td>仔猪</td><td>母猪</td><td>仔猪</td><td>母猪</td><td>仔猪</td><td>重量</td><td>母猪</td><td>仔猪</td><td>母猪</td><td>仔猪</td><td>母猪</td><td>仔猪</td></tr>
<tr><td>1</td><td></td><td></td><td></td><td></td><td></td><td></td><td></td><td></td><td></td><td></td><td></td><td></td><td></td><td></td><td></td><td></td></tr>
<tr><td>2</td><td></td><td></td><td></td><td></td><td></td><td></td><td></td><td></td><td></td><td></td><td></td><td></td><td></td><td></td><td></td><td></td></tr>
</table>

Ⅱ-4.7 产仔记录表

序号	品种	栏号	母猪耳号	胎次	预产期	分娩日期	健仔	弱仔	畸形	木乃伊	死胎	总仔	窝重	记录人
1														
2														

Ⅱ-4.8 保育舍存栏报表

<table>
<tr><td colspan="12">栋号：　　饲养员：　　月份：</td></tr>
<tr><td rowspan="2">日期</td><td rowspan="2">期初存栏头数</td><td colspan="2">转入</td><td rowspan="2">死亡头数</td><td rowspan="2">淘汰头数</td><td colspan="2">转出</td><td rowspan="2">销售头数</td><td rowspan="2">期末存栏头数</td><td rowspan="2">教槽料（千克）</td><td rowspan="2">前保料（千克）</td><td rowspan="2">后保料（千克）</td><td rowspan="2">备注</td></tr>
<tr><td>头数</td><td>重量</td><td>头数</td><td>重量</td></tr>
<tr><td>1</td><td></td><td></td><td></td><td></td><td></td><td></td><td></td><td></td><td></td><td></td><td></td><td></td><td></td></tr>
<tr><td>2</td><td></td><td></td><td></td><td></td><td></td><td></td><td></td><td></td><td></td><td></td><td></td><td></td><td></td></tr>
</table>

Ⅱ-4.9　育肥舍存栏报表

栋号：　　饲养员：　　月份：

日期	期初存栏	转入		死亡头数	淘汰头数	转出		销售头数	期末存栏头数	小猪料（千克）	中猪料（千克）	大猪料（千克）	备注
	头数	头数	重量			头数	重量						
1													
2													

Ⅱ-4.10　公猪舍存栏登记表

栋号：　　饲养员：　　月份：

日期	期初存栏	转入		死亡头数	淘汰头数	转出		销售头数	期末存栏头数	公猪料（千克）	备注
	头数	头数	重量			头数	重量				
1											
2											

Ⅱ-4.11　采精记录表

日期	公猪耳号	采精员	采精量	活力	密度	畸形率	总精子数	稀释液量	份数	稀释员	评定结果	备注
1												
2												

Ⅱ-4.12　采精频率表

序号	品种	公猪耳号	年　月										
			1	2	3	4	5	……	27	28	29	30	31
1													
2													

6.6 猪场料重比（FCR）报表体系

在猪场经营过程中，饲料的成本占所有成本的75% ~ 80%，因此饲料的成本对于猪场非常的重要。第2章已经阐述了仅仅降低0.1的料重比（FCR）就能够给猪场带来巨大的利润差异的例子，作为综合衡量饲料的营养水平、猪群健康情况，以及猪场的整体管理水平的关键指标，料重比（FCR）报表体系在猪场经营管理中有着非常重要的地位。

6.6.1 猪场料重比报表体系的层级

猪场料重比报表体系也分为四个层级，每个层级的报表都由不同职责的人负责（表6–5）。通过四级报表中各栏舍的基础报表最终得出猪场全年的料重比情况，再找出差距，及时调整猪场管理方案。

表6–5 猪场料重比报表体系

报表层级	一级报表	二级报表	三级报表	四级报表
	总经理负责	场长负责	组长负责	饲养员负责
猪场料重比报表体系	料重比（FCR）报表	猪场月报表	分娩舍周报	分娩舍存栏及饲喂报表
			妊娠舍周报	妊娠舍存栏及饲喂报表
			保育舍周报	保育舍存栏及饲喂报表
				保育套餐用量对比表
			育肥舍周报	育肥舍存栏及饲喂报表
				育肥套餐用量对比表
			公猪舍周报	公猪舍存栏及饲喂报表
	猪群结构表			

6.6.2 猪场料重比报表体系各支撑报表模板

Ⅲ–1.1 料重比（FCR）报表

项目	100头母猪/月标准（PSY20头）	1月	2月	……	12月	年平均
哺乳料（千克）	4.62					
怀孕料（千克）	4.60					
后备料（千克）	0.61					

（续）

项目	100头母猪/月标准（PSY20头）	1月	2月	……	12月	年平均
教槽料（千克）	0.69					
前保料（千克）	2.74					
后保料（千克）	2.74					
小猪料（千克）	22.95					
中大猪料（千克）	11.47					
商品猪饲料合计（千克）	40.59					
商品猪增重（千克）						
全程料重比	2.40					
全群饲料合计（千克）	50.42					
全群料重比	2.90					

注：在传统养殖过程中，很多猪场做不到全进全出、批次生产，此表"商品猪增重"可以用"销售猪只总重"替代，每个月计算的料重比不是很准确，但全年的数据还是可以反映出整年的水平。

Ⅲ-1.2　猪群结构表

猪群	100头标准（PSY20头）	1月	……	12月	全年
成年母猪（头）	100				
健康成年母猪（头）	98				
后备母猪（头）	35				
成年公猪（头）	4				
后备公猪（头）	1				
空怀母猪（头）	12				
怀孕母猪（头）	67				
分娩哺乳母猪（头）	19				
哺乳仔猪（头）	184				
36～56日龄保育猪（头）	105				
57～70日龄保育猪（头）	70				
71～112日龄小猪（头）	204				
113～145日龄大猪（头）	160				
146～180日龄大猪（头）	170				
小计（头）	1 032				

Ⅲ-2 猪场月报汇总表

自 年 月 日起至 年 月 日止第 月								
种猪								
分类项目	公猪		后备母猪	基础母猪（月平均存栏头）				合计
	公猪	后备公猪		空断母猪	妊娠母猪	哺乳母猪	小计	
初存								
转入								
转出								
淘汰								
死亡								
末存								

配种头数	后备母猪：头		经产母猪：头	
异常情况	流产：头		返情：头	
前114天配种数			配种分娩率	

产仔栏（月平均存栏头数）			保育栏（月平均存栏头数）		
类别	数量（头）	重量（千克）	类别	数量（头）	重量（千克）
初存			初存		
产仔窝数			转入		
总仔数			转出		
健仔			淘汰		
弱仔			销售		
死胎			死亡		
木乃伊			末存		
畸形					
断奶					
死亡					
末存					

（续）

育肥猪（月平均存栏头）					
类别	数量（头）	重量（千克）	类别	数量（头）	重量（千克）
初存			宰杀		
转入			死亡		
销售			淘汰		
末存					
饲料用量（吨）	后备料：	公猪料：	饲料用量（吨）	教槽料：	前保料：
	哺乳料：	怀孕料：		后保料：	小猪料：
				中猪料：	大猪料：
单位负责人： 复核： 统计：					

Ⅲ-3.1 分娩舍周报表

年 月 日一 月 日 第 周 填表人： 单位：头、千克

星期	期初存栏		分娩情况							变动情况						存栏情况			饲料耗用	
										转入	转出		死亡		淘汰						
	母猪	仔猪	分娩胎数	产合格仔	弱仔	畸形	木乃伊	死胎	产总仔	临产♀	断奶♀	仔猪	基础♀	仔猪	基础♀	仔猪	哺乳♀	临产♀	仔猪	哺乳料	教槽料
日																					
……																					
合计																					

Ⅲ-3.2 妊娠舍周报表

年 月 日一 月 日 第 周 填表人： 单位：头、千克

项目 星期	配种情况					变动情况									存栏情况						饲料耗用情况	
						转入	转出	死亡			淘汰											
	断奶♀	返情♀	空怀♀	后备♀	合计	断奶♀	后备♀	怀孕♀	空断♀	后备♀	怀孕♀	空断♀	后备♀		怀孕♀	断奶♀	空怀♀	生产♀	后备♀	合计	哺乳料	怀孕料

日														
……														
合计														

Ⅲ-3.3 保育舍周报表

年　月　日—　月　日　第　　周　　填表人：　单位：头、千克

	期初存栏	转入	转出	淘汰	死亡	销售	期末存栏	饲料日耗料情况		
								教槽料	前保	后保
日										
……										
合计										

Ⅲ-3.4 育肥舍周报表

年　月　日—　月　日　第　　周　　填表人：　单位：头、千克

	期初存栏	转入	转出	淘汰	死亡	销售	期末存栏	饲料日耗料情况		
								小猪料	中猪料	大猪料
日										
……										
合计										

Ⅲ-3.5 公猪舍周报表

年　月　日—　月　日　第　　周　　填表人：　单位：头、千克

星期	期初		转入		转出		淘汰		死亡		期末存栏		合计	饲料日耗料情况
	生产♂	后备♂	生产♂	后备♂	生产♂	后备♂	生产♂	后备♂	生产♂	后备♂	生产♂	后备♂		
日														
……														
合计														

（续）

Ⅲ-4.1　分娩舍存栏及饲喂报表

栏号：			饲养员：								月份：			

日期	期初存栏		调入/出生		调出			淘汰		死亡		期末存栏		哺乳料（千克）	教槽料（千克）	备注
	母猪	仔猪	母猪	仔猪	母猪	仔猪	重量	母猪	仔猪	母猪	仔猪	母猪	仔猪			
1																
2																

Ⅲ-4.2　妊娠舍存栏及饲喂报表

栏号：				饲养员：				月份：	

日期	期初	转入	转出	淘汰	死亡	期末	妊娠料（千克）	哺乳料（千克）	备注
1									
2									

Ⅲ-4.3　保育舍存栏及饲喂报表

栏号：　饲养员：　月份：												

日期	期初存栏	转入		死亡头数	淘汰头数	转出		销售头数	期末存栏头数	教槽料（千克）	前保料（千克）	后保料（千克）	备注
	头数	头数	重量			头数	重量						
1													
2													

Ⅲ-4.4　保育套餐用量对比表

244套餐的目标是：42天吃完36千克料，体重增长22.5千克，料重比为1.6∶1

目标	转入头数（头）	转入时间	转入总重（千克）	标准套餐用量			预计出栏时间	实际出栏时间	预计出栏重（千克）	实际出栏重（千克）	预计料肉比	实际料肉比
				A	B	C						
	250											

标准耗料（单位：千克）

饲料	头均	总耗料	第1周（10天）	第2周	第3周	第4周	第5周	第6周			合计
日均采食			400	600	755	930	1 050	1 235			
A	4	1 000	1 000								1 000
B	16	4 000		1 050	1 321	1 628					3 999
C	16	4 000					1 838	2 161			3 999

实际耗料（单位：千克）

饲料	头均	总耗料	第1周（10天）	第2周	第3周	第4周	第5周	第6周	第7周	第8周	第9周	合计
A	4	1 000										
B	16	4 000										
C	16	4 000										

Ⅲ-4.5　育肥舍存栏及饲喂报表

栋号：　　饲养员：　　月份：

日期	期初存栏头数	转入		死亡头数	淘汰头数	转出		销售头数	期末存栏头数	小猪料（千克）	出栏重（千克）	大猪料（千克）	备注
		头数	重量			头数	重量						
1													
2													

Ⅲ-4.6　育肥套餐用量对比表

4+2套餐的目标是：110天吃完240千克料，体重增加85千克，料重比为2.8。

目标	转入头数（头）	转入时间	转入总重（千克）	标准套餐用量		预计出栏时间	实际出栏时间	预计出栏重（千克）	实际出栏重（千克）	预计料重比	实际料重比
				A	B						
	500										

标准耗料（单位：千克）

饲料	头均	总耗料	第1周	第2周	第3周	第4周	第5周	第6周	第7周	第8周	合计
A	160	80 000	5 250	5 950	6 300	6 650	7 000	7 350	7 700	8 050	
			第9周	第10周	第11周	第12周	第13周	第14周	第15周	第16周	
			8 400	8 750	9 100						80 500
B	80	40 000				9 450	9 800	10 150	10 500		39 900

实际耗料（单位：千克）

饲料	头均	总耗料	第1周	第2周	第3周	第4周	第5周	第6周	第7周	第8周	合计
A	160	80 000									
			第9周	第10周	第11周	第12周	第13周	第14周	第15周	第16周	
B	80	40 000									

Ⅲ-4.7　公猪舍存栏及饲喂报表

栋号：　　饲养员：　　月份：

日期	期初存栏 头数（头）	转入 头数（头）	转入 重量（千克）	死亡头数（头）	淘汰头数（头）	转出 头数（头）	转出 重量（千克）	销售头数（头）	期末存栏头数（头）	公猪料（千克）	备注
1											
2											

6.7 猪场生物安全报表体系

生物安全体系涉及养猪的全过程，是预防控制疾病、生产管理、经营管理的基础。本报表体系提出了猪场生物安全的整体评价体系，从猪场水质、抗体抗原检测和防控措施三个方面来进行综合评判，从而让猪场的生物安全工作更具系统性和方向性，同时对猪场兽医服务工作情况也进行了全面的评价。

6.7.1 猪场生物安全报表体系的层级

猪场生物安全报表体系分为三个层级。三级报表是生物安全各项工作内容的检测数据；由组长及猪场兽医负责；二级报表是三级报表的汇总，并对猪场整体生物安全情况进行评分，由场长负责；一级报表则是对猪场生物安全现状及改善情况的检查，由总经理负责（表6-6）。

表6-6 猪场生物安全报表体系

报表层级	一级报表	二级报表	三级报表	
	总经理负责	场长负责	组长或兽医负责	
猪场生物安全报表体系	猪场兽医服务检查表	猪场生物安全整体评分表	猪场水质	水质检测报告
				饮水流量标准
			抗原抗体	抗体检测项目表
				采样分布比例记录表
				猪场个体采样记录表
			防控措施	外来人员登记表
				猪舍空栏/带猪消毒表
				场内流行病记录表
				分娩舍批次免疫记录表
				保育舍批次免疫记录表
				育肥舍批次免疫记录表

6.7.2　猪场生物安全报表体系的支撑报表阐述

Ⅳ-1　猪场兽医服务检查表

类别	项目	标准	权重（分）	评分	原因分析
猪场评估	水质	达到饮用水标准	10		
	猪群抗体	达标	10		
	生物安全	做到安全生产 生产安全	10		
猪场免疫程序	免疫程序	严格按照免疫程序执行	20		
猪场保健 用药规范	保健用药规范	对症用药、不滥用、 不浪费	20		
猪场兽药疫苗 费用	每月汇总各单元 费用情况	通过费用可反追踪其 免疫程序是否追踪到位	10		
猪场周报、月报	猪场猪群情况	以电子档的形式汇总	20		
总计			100		

Ⅳ-2　猪场生物安全整体评分表

项目	细则	分值	x月	评分人	x月	评分人	总负责人	备注
水质 （10%）	水质检测	5						
	饮水流量	5						
抗原抗体 （50%）	猪瘟	10						
	伪狂犬	10						
	蓝耳	10						
	圆环	10						
	口蹄疫	10						
防控措施 （40%）	消毒防疫	6						
	病死猪，污水粪便无害化	5						
	厂内非相关动物的处理 （其他家禽家畜的饲养情况 及四害处理）	5						
	厂内卫生（生活、生产区）	6						
	猪群免疫	6						
	猪群药物保健记录	6						
	厂内流行病学记录	6						
总分		100						

IV-3.1 水质检测报告

取样时间：		取样地点：	检测时间：			
项目	单位	标准限值	检测结果	单项评价	第二次检测结果	单项评价
色度		≤15				
浑浊度	NTU	≤1				
臭和味		无臭无味				
肉眼可见物		无				
P小时		6.5～8.5				
总硬度（$CaCO_3$计）	毫克/升	≤450				
铁	毫克/升	≤0.3				
硫酸盐	毫克/升	≤250				
砷	毫克/升	≤0.01				
总大肠菌群	MPN/100毫升	不得检出				
细菌总数	CFU/毫升	≤100				

IV-3.2 饮水流量标准

猪舍类别	饮水器流量（升/分钟）		评分	备注
	标准	实际		
后备舍	>1			
妊娠舍	>1			
分娩舍	>2			
保育舍	>0.5			
育肥舍	>1			
公猪舍	>1.5			

IV-3.3 抗体检测项目表

送检猪场：	联系人：				
检测日期	检测项目	样本类别	检测头数	标准值	检测结果

Ⅳ-3.4 采样分布比例记录表

编号	猪场名称：		基础母猪存栏头数：	
	母猪（胎次）	母猪头数	标准比例	实际占比
1				
……				
小计				
	仔猪（周龄）	仔猪头数	标准比例	实际占比
1				
……				
小计				

注：1. 数目要求：种猪存栏数目的10%～20%，仔猪每阶段不少于20份；
　　2. 阶段要求：母猪分胎次，仔猪分周龄采样。

Ⅳ-3.5 猪场个体采样记录表

编号	母猪		栏号	胎次	编号	仔猪		栏号	胎次
	母猪耳号	状态				周龄	状态		

Ⅳ-3.6 外来员登记表

日期	姓名	来场事由	是否需入场	消毒

Ⅳ-3.7 猪舍空栏/带猪消毒记录表

日期	栏舍栋号	空栏/带猪	消毒剂名称	配比	操作人

Ⅳ-3.8 场内流行病史记录表

时间	流行病名称	持续时间	预防/治疗措施	效果	备注

Ⅳ-3.9　分娩舍批次免疫记录表

序号	栏号	母猪耳号	分娩日期	产活仔头数	免疫头数	免疫日期	免疫日期	免疫日期	免疫日期	免疫日期	操作人
1											
2											

Ⅳ-3.10　保育批次免疫记录表

栋舍	转入日期	转入日龄	转入头数	免疫头数	疫苗名称	免疫剂量	操作人

Ⅳ-3.11　育肥批次免疫记录表

栋舍	转入日期	转入日龄	转入头数	免疫头数	疫苗名称	免疫剂量	操作人

　　猪场在重视建立数据管理报表体系的同时，需要有报表记录的管理制度，让员工能够重视报表的填写，保证数据的真实性和及时性，只有这样才能避免在报表记录的过程中产生数据不准确、统计不全、不能长久坚持，最终使报表记录流于形式的情况。

6.8　猪联网——猪场进行大数据分析的有力工具

　　数据对于猪场非常重要，而随着计算机技术、网络技术、通信技术的发展和应用，猪场信息化已成为猪场生存与发展的基本条件之一。以前猪场人工处理庞大的数据报表时工作量大，容易出错，而猪场信息化可以让这些都变得简单、及时、高效。也在这样的契机下，许多的农业企业开始了猪场信息化的探索，并开发出了与猪场管理相关的许多软件。笔者以大北农集团的猪联网为例介绍猪场信息化能够给猪场带来的改变。

6.8.1 猪联网是什么？

猪联网是通过积累养猪大数据，为养殖场提供猪管理、猪交易、猪金融、养猪大数据分析等综合服务的猪场信息化工具。

猪联网实现猪场管理的转型升级

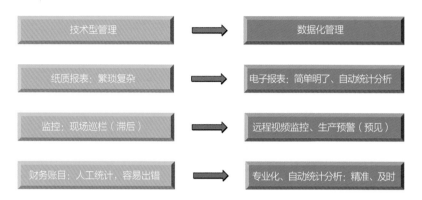

6.8.2 猪联网给猪场带来的益处

（1）场长不需要辛苦核算报表了　以前猪场每个月都需要汇总一大堆的报表，一到月底就是统计最忙的时候。而用上猪联网之后，只要坚持每天的数据录入，猪联网会自动汇总各种数据，并进行分析。

（2）各项生产性能报表适时查看　登录猪联网界面后，在猪场生产报表中通过生产指标一项，可以随时查询猪场各类的生产指标，包括分娩率、成活率、产仔率等，让人一目了然。

（3）猪场每天的工作安排更轻松了　猪联网管理软件对猪场生产环节有各种生产提示，如待配母猪提醒、分娩提示、断奶提醒等，猪场管理者可以根据猪联网的提示安排猪场每天的生产。

（4）个体指标帮您及时淘汰母猪　猪联网会根据多个母猪淘汰的指标自动对需要淘汰的母猪进行提醒，解决了在生产中统计量大、淘汰不及时、缺乏淘汰标准等问题，帮助猪场及时、准确地淘汰无用母猪。

（5）成本核算精益及时　多口径、简化版的成本核算让猪场的财务核算更精益及时。

（6）耳号档案管理不再难（基础工作）　猪联网的种猪耳号档案记录，可以让猪场管理者随时都能查询到单个母猪一生的信息，避免了猪场因为丢失或损坏而使种猪档案不齐全的情况。

（7）专业的管理数据分析　猪联网细化到每周配种头数预估的配种分娩率，并与实际分娩率作出对比，找出猪场的非生产天数，及时处理猪场问题。

（8）简单化的图表分析一目了然　猪联网的页面和数据分析都采用了简洁的表格化或图形化的形式，让数据的录入工作和数据查询变得简单且明了。

（9）大数据分析和服务　猪联网利用大数据分析模型适时分析母猪存栏、肥猪出栏、疫情趋势、生猪价格、猪周期等行业预测，让养猪人不再盲目地去养猪。

6.8.3　猪场管理系统操作方法

（1）适用客户群　专门为规模猪场量身打造，也适用单一的养猪企业或"公司+农户"型养猪场以及小型的养猪场。

（2）适用操作对象　适合猪场的统计、仓管、财务、场长、组长、饲养员等操作。

（3）使用猪场管理系统要求

①硬件设备　包括电脑、能上网、打印机。

②使用条件　公司的重要经销商，达到公司开户标准。

③专业门槛　专业水平要求很低，不需要再学习专业会计和电脑知识。

④数据录入　及时准确录入基础数据、日常业务数据和期末盘点数据等。

（4）猪联网猪场管理系统生产数据记录管理流程　见图6-1。

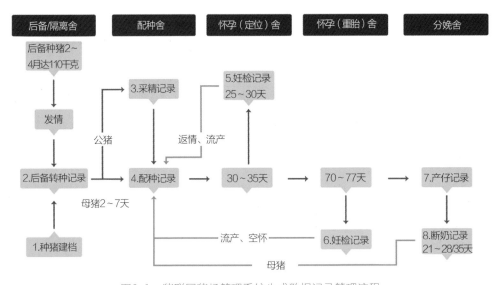

图6-1　猪联网猪场管理系统生成数据记录管理流程

（5）猪联网的使用步骤　见表6-7。

表6-7 猪联网使用步骤

步骤	具体操作	要求	效果
建账	①栏舍内抄取母猪档案卡信息（母猪耳号、胎次、当前状态等） ②分类各栏舍的名称与编号 ③盘点各栏舍各阶段猪群存栏 ④兽药、疫苗仓库盘点 ⑤饲料仓库盘点	网络、电脑、打印机、专人输入	输入要求填写的内容，系统自动生成现阶段猪场的生产情况
每日猪群动态录入	①每日将全场猪群动态输入系统（配种、分娩、断奶、死亡淘汰、销售、转舍等） ②每日仓库出库兽药、疫苗、饲料输入系统	录入数据准确	每日的生产情况及物资费用一目了然（要求猪场每天及时录入，并保证数据准确）
生产情况分析	进入系统可以按时间、栏舍、阶段猪群查看生产		通过数据分析生产情况和物资使用情况

6.8.4　猪联网可提供的其他部分延伸功能

（1）提供食品安全追溯体系及智能化设备连接

安全追溯
母猪、育肥猪生产过程全程记录，可追溯到每头猪的一生。

+智能化设备
猪联网将养猪设备、监控视频、智能化终端无缝对接，让养猪更加自动化、远程化，让你体验养猪的轻松、时尚。

（2）生猪网上交易系统

绕开猪经纪直接卖猪

拍照卖猪 ▶
拍照上传，快捷发布卖猪信息。

地图找猪 ▶
周边卖猪信息一目了然，想收猪谁家的猪就点谁。

在线结算 ▶
农富宝提供在线结算资金、结算猪款，猪只买卖的同时还可以赚取高于银行活期十余倍的利息收入

生猪运输 ▶
利用不断积累的物流车辆信息，快速匹配物流车辆，帮你调运生猪

生猪评级 ✔
好的猪源可以得到更多好评，好的收猪人可以得到更高的点赞率，好猪可以卖出好价钱，好的收猪人可以得到更多的好猪源。

（3）生猪金融服务

农富贷

养猪缺钱就找农富贷，农富贷按照猪头数放贷款，随贷随还。

售猪贷

卖猪回款慢就找售猪贷，卖一批猪，放一次款，随卖随贷。

（4）网上采购平台业务

分析各类种、料、药、苗及生产设备真正的性能和品质，为你量身定做最科学的解决方案并提供一站式的采购平台。

种料药苗：直接从生产厂家采购种猪、饲料、兽药、疫苗产品，降低采购成本。

大宗原料：精选优质供应商，猪联网用户可购买质优价廉的玉米、豆粕等大宗原料。

养猪设备：为你甄选、评价、定制和你相关并且能够与猪联网无缝对接的各类养猪设备、器具，包括智能化的养猪设备。

大宗原料　　　种料药苗　　　养猪设备

实现猪场清单式管理
之现场5S管理

　　清单式管理不是一种理论，而是实践多种理论的独特方式。它并不排斥使命、价值观、文化、思想理念、管理原则和领导艺术等抽象的精神元素，而是力图将这些元素转化为具体可操作的措施和行为。

　　猪场现代化管理达到的最佳状态是：

　　人幸福（心里爽）——充分发挥员工主观能动性、积极性，想做、能做、做到位。

　　猪舒服（身体爽）——健康、能吃、快长。

　　身体爽叫舒服，心里爽叫幸福！要做到猪舒服、人幸福，首先就要求猪场能有一个整洁的环境，有序的工作方式，轻松舒服的生活、生产的氛围。对照现在大多数猪场环境的脏、乱、差，因此很有必要引入现代企业现场管理中的5S管理，让猪场先做到整洁、有序，让猪场人员有尊严地工作和生活是第一步。

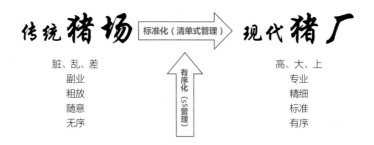

7.1　什么是5S管理?

　　5S管理即5S现场管理法，是指在生产现场对人员、设备、材料、方法等生产要素进行有效的管理，是一种现代企业管理模式。

　　从图7-1可以看到，5S管理即整理（seiri）、整顿（seiton）、清洁（seiketsu）、清扫（seisou）、素养（shitsuke）。5S管理的核心就是"素养"。5S就是要通过持续有效的改善活动，塑造一丝不苟的敬业精神，培养勤奋、节俭、务实、守纪的职业素养。

图7-1　5S管理图解

7.2　猪场推行5S管理的优点

见图7-2。

图7-2　5S管理的优点

猪场区域标识明显，用具整齐，利于消毒防疫

员工更多的精力会集中在生产管理上

减少浪费、库存，降低猪场保本点

提高猪场和老板在行业内的形象

促进员工工作积极性，带动工作氛围

客户会产生对猪场肉猪品质或种猪品质的信赖

实施5S的优点如此之多，而作为一直被外界认为是"脏、乱、差"的养猪场更应该进行5S管理。猪场在现场管理上有不少方法可以使用，但推行5S管理的效果可能会更明显一些。

7.3　5S改善对象及目标

见表7-1。

表7-1   5S管理改善对象与目标

实施项目	改善对象	目标
整理	空间	清爽的工作环境
整顿	时间	一目了然的工作场所
清扫	设备	高效率、高品质的工作场所
清洁	乱源	卫生、明朗的工作场所
素养	纪律	全员参与、自觉行动的习惯

7.3.1   5S管理——整理

将猪场需要和不需要的东西分类，丢弃或处理不需要的东西，管理需要的东西。药房整理前和整理后的对比效果见图7-3。

定义	①区分要与不要的物品
	②现场只保留必需的物品
好处	①减少库存量
	②有效利用空间
	③东西不会遗失
猪场推行要领	①对各栋猪舍的物品进行盘点
	②制订该猪舍物品要和不要的判别基准
	③确定要的物品及数量
	④把不需要的物品从栏舍清除出去

药房整理前

药房整理后

图7-3   药房整理前后的对比

7.3.2 5S管理——整顿

整顿是放置物品标准化，使任何人立即能找到所需要的东西，减少"寻找"时间上的浪费。整顿前后对比效果见图7-4。

定义	①必需品依规定定位摆放整齐有序，明确标示
好处	①减少搬运、周转现象
	②减少浪费和不必要的作业
猪场推行要领	①对物品进行分类
	②决定物品放置的位置、数量、方式，划线定位
	③物品及放置位置可明确标示
	④物品摆放整齐、有条不紊，实行定置管理

整顿前无猪牌

整顿后有猪牌

图7-4 整顿前后的对比

7.3.3 5S管理——清扫

真正的"清扫"应是除了消除污秽，确保员工健康、安全、卫生外，还能早期发现栏舍设备的异常、松动等，以达到全员预防保养的目的。猪场杂草处理见图7-5。

定义	①清除现场内的脏污	
	②清除作业区域的物料垃圾	
好处	①提升设备的性能	
	②提升品质、减少故障	
猪场推行要领	①将地面、墙壁、窗户打扫干净	
	②对仪器、猪场设备等进行清扫、维护检查	
	③将产生污染的污染源清扫干净，加强源头管理	
	④制定清扫的程序，明确责任人，检查评比效果	

图7-5　猪场杂草的处理

7.3.4　5S管理——清洁

清洁并不是"表面行动"，而是表示了"结果"的状态，而"长期保持"整理、整顿、清扫的状态就是"清洁"，根除不良和脏乱的源头也是"清洁"。清洁涉及的操作和步骤见图7-6。

定义	将整理、整顿、清扫的做法制度化、规范化，维持其成果
好处	①美化猪场、猪舍工作环境
	②根除发生灾害原因
猪场推行要领	①猪场要循环往复地做整理、整顿、清扫，不断深入
	②制定清洁制度，明确清洁状态
	③定期检查、评比

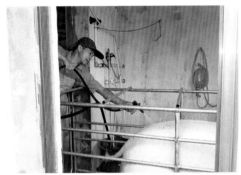

猪场标准化操作

程序与负责到人

图7-6　清洁

7.3.5　5S管理——素养

5S在推行中最重要的是"素养"。5S实际上是日常习惯的事，需要亲身去体会实行，由内心里得到认同的观念。因此，养成习惯、确实自觉遵守纪律的事情，就是"素养"。（图7-7）。

定义	人人按章操作、依规行事，养成良好的习惯	
好处	①减少不注意因素，员工遵守规定事项	
	②培养良好的人际关系	
猪场推行要领	①制定技术标准、管理标准、工作标准	
	②从严执行，违者必究，知错就改，形成习惯	

图7-7　制度与培训

7.4　猪场5S管理推行步骤

5S是一种长期执行的运动，猪场在以下几种情况下导入，其成功率较高。

（1）猪场扩大、搬迁新猪场或猪场进行比较大的改造之后。

（2）当猪场引进新产品、新技术、新设备、新管理时。

（3）新年度开始之际。

猪场5S推行步骤见图7-8。

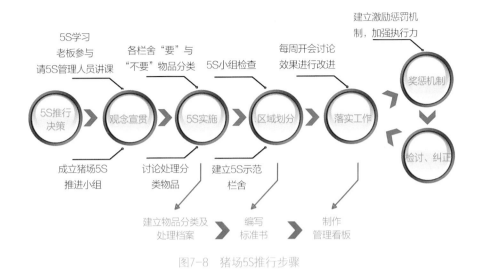

图7-8　猪场5S推行步骤

7.5　5S管理——建立整洁有序的标准化猪场

5S管理给猪场带来的成效是非常显著的。在猪场落实5S管理，可以提供一个整洁有序的工作环境。这有利于猪场生物安全的落实，预防疾病，使猪群健康水平得到提升，从而提高猪场的生产成绩。

通过推行5S管理，还可以从视觉和思维层面给员工以极大的触动，让所有员工都能深刻了解做事情的标准和要求。5S管理从小处、易处着手，改变老习惯，规范员工行为，按照清单要求做事，减少浪费，提升效益，进入持续改善的良性循环。

因此，猪场实施5S管理是非常必要的。而下面的一些图片就是由5S管理打造的标准化猪场的部分图片。

（1）猪场优美整洁的外部环境

猪场大门　　　　　　　　　　　　　　　　　　　场区全景

（2）猪场干净、整洁的内部环境

宿舍区

运动场

用餐区

生产区

（3）猪舍整洁、清爽的内部环境

保育舍

配怀舍

分娩舍

重胎舍

饲料间

药品柜

（4）猪场健康向上的文化环境

会议室

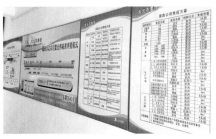

学习墙

（5）猪场丰富的休闲娱乐氛围

比赛活动

活动颁奖

篮球比赛

乒乓球比赛

（6）猪场积极乐观的员工状态

7.6 猪场5S及生物安全管理清单示例

猪场通过5S管理项目，将场内的一切安排得井然有序，这也是猪场生物安全落实的基础。

以前一般的工厂车间也比较陈旧、脏乱、潮湿，参观过日本丰田生产车间的人都会发出"简直不能相信有这么干净的工厂"的感叹。我们可以通过清单式管理，将猪场的5S及生物安全管理结合起来，当做到"简直不能相信有这么干净的猪场"的时候，现代化猪场的面貌和效益也就自然地呈现出来了。

猪场通过全面推行5S管理，整个面貌会焕然一新。猪场可以成为一个美丽的农场，有着优美的环境、干净整洁的场所、井然有序的工作节奏，养猪人在猪场能够开心快乐地工作、生活，把猪场当成自己的家，工作充满激情，生活充满幸福，同时猪场的经营管理也会更上一层楼。产房5S及生物安全管理清单见表7-2。

"场"的无序   "厂"的有序

表7-2 示例：产房5S及生物安全管理清单

项目	要求	细则	分值
进猪前栏舍清洗	安全	产房清洗消毒必须保证操作人员的人身安全，同时两个人在场（2分）	7
		冲洗前栏舍前须关掉室内电源（2分）；用塑料薄膜包裹插座，防止清洗栏舍时插座内进水（1分）	
		清洗过程中操作人员需穿雨衣、绝缘靴子、戴绝缘手套，防止清洗过程发生漏电情况（2分）	
	清理	首先需将栏舍内生产工具、物资移出，如保温灯、盖板、垫布、料车、扫帚、粪铲、接产工具等（2分）	6
		移走所有可移动设备，如电子称、风扇、饲料垫板等（2分）	
		移走剩余母仔猪饲料，清理母仔猪料槽剩料（2分）	
	清扫	先清扫墙角、产床等各处蜘蛛网；清扫地面、排污通道及产床的母仔猪积粪，打扫地面灰尘、粪便等（1分）	2
		并将垃圾统一打包至垃圾池处理（1分）	
	浸泡	使用5%火碱溶液或洗衣粉溶液用喷枪喷洒，浸泡20分钟以上；或者用水先初步冲洗栏舍，水中加入去油污清洁剂，软化表面，浸泡半天（2分）	5
		喷洒在母仔猪料槽外表面以及漏缝地板、保温箱（2分）	
		排污通道、粪沟等（1分）	
	清洗	使用高压水枪彻底冲洗至少2次，冲洗栏舍内物体外表面，不留死角（3分）	10
		包括栏舍（栏杆、料槽、漏缝板、保温箱）及接缝处（2分）	
		卷帘布、墙面、窗户等外表面（1分）	
		水管外表四周、风扇通风槽，天花板外表面（1分）	
		保温灯、盖板、垫布、料铲、料车、扫把、粪铲、接产工具等生产工具（2分）	
		墙角、漏缝地板保温箱死角等（1分）	
	小计		30

（续）

项目	要求	细则	分值
进猪前栏舍消毒	化学消毒	待清洗彻底干燥后再消毒，消毒机喷雾，至少2次，每次使用不同消毒剂；消毒间隔彻底干燥（3分）	5
		期间可进行设备的检修（料槽、电子称、降温或保温设备等）（2分）	
	物理消毒	常见消毒方式：清洗、消毒间隔的空栏干燥（2分）	4
		火焰消毒（2分）	
	饮水线消毒	将水嘴拆卸后集中浸泡消毒1天，并检修更换水嘴，统一消毒（3分）	7
		水箱及水管线用漂白粉（1∶5 000）进行消毒（3分）	
		消毒后装好水嘴，确保饮水系统不堵塞（1分）	
	熏蒸	生产工具放回原位（2分）	11
		密闭，每立方米使用30毫升福尔马林+15克高锰酸钾+15毫升水（3分）	
		温度20℃以上，相对湿度65%以上，密闭熏蒸（3分）	
		密闭24小时后，开窗通风（空栏72小时）（3分）	
	石灰消毒	配制10%～20%石灰乳，喷雾水枪全面喷洒一遍，包括栏杆、料槽、漏缝板、保温箱、墙面、地面等	4
	栏舍周边消毒	栏舍外垃圾、粪便、杂物、杂草等清扫干净（3分）	9
		使用消毒机对外墙面、栏舍1米范围内地面进行喷雾消毒（3分）	
		栏舍1米范围内地面撒石灰粉消毒（3分）	
		小计	40
日常消毒	产前消毒	母猪进产房前，对猪体清洗消毒及体表驱虫，如辛硫酸浇泼溶液，沿猪脊背从两耳根浇洒到尾根，可有效驱杀猪螨、虱、蜱等体外寄生虫；母猪分娩前，使用0.1%KMnO₄溶液，对母猪乳房、外阴及周围清洗消毒，及漏缝板消毒	2
	哺乳期间消毒	选择几种常用消毒药水，每周至少2次带猪消毒，轮流更换，冬季消毒要控制好温度与湿度，防止腹泻	2
	进栏舍消毒	进入猪舍人员必须脚踏消毒池，每周更换2～3次消毒水，保持有效浓度，使用不同消毒药，如碘类消毒剂、过氧乙酸、复合酚等	2
	产房周边消毒	日常产房周边消毒水消毒，如碘制剂溶液、复合酚、过氧乙酸溶液等	2
	器械消毒	接产工具、医疗器械每次使用后都需进行消毒水浸泡消毒或煮沸消毒	2

（续）

项目	要求	细则	分值
		小计	10
人员消毒	进出生产区消毒	人员进入生产区先进行消毒，进入消毒室，关门、开启紫外线灯（人员停留15分钟），脚踏消毒水，淋浴更衣后进入，进出生产区都需更换专用鞋服	5
	车辆消毒	饲料运输车和猪群转移车全车需喷雾消毒，停放10分钟，使用1∶400卫可溶液；车辆经过大门消毒池使用3%烧碱溶液消毒，消毒池20厘米深，长度为汽车轮胎能走至少2圈；同时车辆司乘人员进入人员通道消毒区消毒	5
		小计	10
其他事项	病死猪处理	死亡猪只深埋无害化处理，死亡猪只地面撒石灰等处理	2
	蚊虫、鼠害	一个季度至少进行一次药物灭鼠，平时动员工人工灭鼠。每月定期灭蝇灭蚊	2
	其他畜禽	任何人不得从场外购买猪、牛、羊肉及其加工制品入场，场内职工及其家属不得在场内饲养禽畜（如猫、狗）或其他宠物	2
	粪污处理	根据猪场粪污处理工艺，对粪污进行固液分离，固体粪便集中收集，制作有机肥料或对外销售等处理；猪场污水进行沼气池发酵、人工湿地、曝氧池、好氧池等工艺逐级处理达标后排放，尽量减少猪场污水对周围环境的污染	4
		小计	10
		总计	100

清单式
管理

猪场现代化管理的有效工具

8 猪场清单式管理具体
应用案例

8.1 清单式管理提升猪场人员的执行力

在生猪产业中，要提高生产效率，最让猪场经营和管理者感到头疼的是猪场员工执行力差的问题。他们大多数认为执行力差是员工能力和态度的问题，其实这种观点是不对的。执行力差是现象，管理不善才是本质。提升员工的执行力是所有企业运作中最重要的管理工作。

有专家很到位地总结了执行力差的五大原因，即"不知道干什么""不知道怎么去干""干起来不顺畅""干好了有什么好处""干不好有什么坏处"。

清单式管理一开始的出发点就是要强调解决执行力的问题，首先建立起标准的概念，包括在目标、程序、操作三个层面都建立了标准，这就有了一把清晰的尺子、一面镜子；然后在执行的过程中，时时可以评估执行力有没有偏差，偏差了多少。利用管理清单找到问题关键和症结所在，让员工清楚"要干什么""怎样才是干到了位"，并进一步按照管理清单的流程标准，"知道怎么去干"，并且"干起来顺畅"，干完之后了解"干得怎么样"，再对照清单中的标准，考核清楚"干好了有什么好处"和"干不好有什么坏处"。

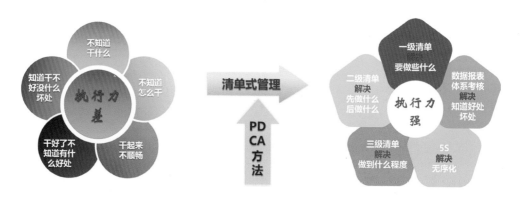

在生猪产业转型升级的发展时代，很有必要利用清单式管理这一提升现代化猪场养殖效益的有效工具，撬动和提升猪场人员的执行力，从而提高猪场的生产效率。

8.2　借助PDCA管理循环步骤实施猪场清单式管理

PDCA管理循环是由美国质量专家戴明先生提出，并广泛应用于质量管理中的基本工作方法。PDCA管理循环的作用被日本企业品质管理专家在持续改善品质的过程中使用得淋漓尽致。PDCA循环是能使任何一项活动可以有效进行的一种合乎逻辑的工作程序，借助PDCA管理循环步骤也能很好地实施猪场清单式管理。PDCA循环图见图8-1。

P——Plan（计划）：对照管理一级清单分析现状，找出存在的问题。

　　　　　　　　对照管理一级清单分析问题的原因，再确定目标，并进行目标分解提出解决方案。

　　　　　　　　对照二级清单确定实施的标准流程。

D——Do（执行）：执行实施清单内容，并加以过程控制。

C——Check（检查）：填写相关记录表格，对照清单检查执行结果。

A——Actian（完善）：总结成功经验，制定提升标准。

　　　　　　　　　未解决的问题进入下一个PDCA。

PDCA循环需持续追踪，每个项目需结项、闭环，并不断向目标螺旋上升。

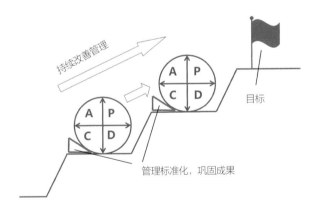

图8-1　PDCA循环图

8.3 猪场清单式管理案例——香香猪场提升 PMSY案例解析

香香猪场是一个存栏500头母猪的自繁自养场，交通便利，地理位置优越，生产设施和栏舍布局都比较好。但是，猪场从建厂至今一直就处于行情好时赚小钱、行情差时就亏损厉害的状态，老板很是焦虑，却一直找不到猪场效益差的具体原因。香香猪场2013年生产销售情况见表8-1。

表8-1 香香猪场年生产销售表

项目	存栏（头）	平均哺乳天数	平均妊娠天数	总产仔窝数（头）	总产活仔猪数（头）	胎均产活仔数（头）	哺乳仔猪成活率（%）	保育仔猪成活率（%）	肥猪成活率（%）	提供断奶仔猪数（头）	出售肥猪数（头）
香香猪场	500	25	115	920	9 844	10.7	92	96	98	9 056	8 520

8.3.1 P——对照猪场一级管理清单，分析现状，找到问题，设定工作目标，确定方案，制订计划

数据记录

怀孕猪舍核查表

猪场服务案例

（1）参照猪场管理清单标准，分析猪场生产数据，找出实际与标准的差距，从众多纷杂的数据中找到猪场关键问题。

香香猪场年生产销售表的生产数据显示：

①香香猪场的窝均产活仔数为10.7头（对照猪场一级管理清单：Ⅲ-2窝产活仔数标

准为初产母猪＞10.5头，经产母猪＞11头），处于国内行业较好水平。

②猪场成活率分别为92%（哺乳仔猪）、96%（保育仔猪）、98%（育肥猪）（对照猪场管理清单：Ⅳ-2哺乳仔猪存活率95%，Ⅴ-2保育猪存活率96%，Ⅵ-2育肥猪存活率98%），全群存活率为86.6%。通过与猪场一级管理清单标准对照，除哺乳仔猪存活率存在一定提升空间外，其他阶段成活率均处于较理想水平。

但是，猪场效益依旧不理想，关键问题到底在哪里呢？猪场又该从何着手？

继续对猪场生产数据进行分析：

③香香猪场年提供断奶仔猪数为9 056头，则每头母猪年提供的断奶仔猪数（PSY）为18.1头（PSY=年提供断奶仔猪总数/年存栏经产母猪头数），与猪场管理清单标准年提供断奶仔猪12 000头（Ⅳ-2哺乳母猪生产指标：PSY≥24头）存在较大差距（-2 744头）。

④猪场年销售育肥猪为8 508头，相当于每头母猪年提供育肥猪（PMSY）17头（PMSY=年出栏肥猪数÷年存栏母猪数），按照猪场管理清单标准要求，香香猪场每年要出栏育肥猪11 250头（Ⅵ-2生长育肥猪生产指标：PMSY＞22.5头），每年少出栏育肥猪2 742头。

由于猪场的效益直接来源于PMSY，PMSY = PSY × 保育成活率 × 育肥成活率，在保育猪及育肥猪存活率较理想条件下，PSY就成为猪场PMSY的决定因素。

因此，猪场PSY低是猪场效益不高的关键因素，提高猪场PSY是解决当前香香猪场效益不理想的最为关键的任务。

（2）对照猪场一级清单，分析产生问题的原因，设定目标、并对目标进行分解。

①影响PSY原因解析 见图8-2。

在猪场，PSY是一个非常重要的指标。由图8-2可知，PSY的多少由母猪窝断奶仔猪数（影响比例65%）和年产仔窝数（35%）决定。其中，断奶仔猪头数是由胎产

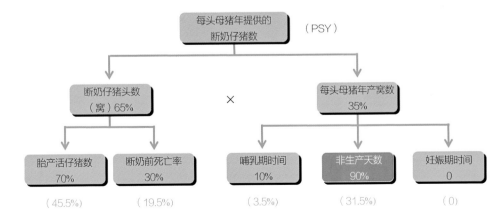

图8-2 影响PSY指标的原因分析

活仔猪数（70%）和断奶前死亡率（30%）决定，母猪年产胎次的影响因素包括母猪怀孕天数（固定，可忽略）、哺乳天数（10%）及非生产天数（90%）。

② 提升猪场PSY方案探讨　要提升猪场PSY，无非从以下两方面着手：

第一方面：提高母猪窝产活仔数与仔猪成活率（影响比例分别为19.5%、45.5%）。该途径通过猪场品种改良、配种环节控制、猪场环境控制等手段可以提高。而香香猪场的生产数据表明猪场的活仔数和成活率都处于比较高的水平，猪场该方面应该做得比较到位，可能有一定的提升空间，但很难根治猪场当前的困局。

第二方面：提高母猪年产窝仔数（胎次）（影响比例35%），即提高母猪的生产效率。香香猪场的母猪的年产胎次为1.84胎（年产胎次=年产总窝仔数÷经产母猪头数）（表8-2），与猪场标准水平（Ⅲ-2标准：年产窝数≥2.3胎）差距较大。

表8-2　香香猪场年产胎次与猪场标准比较效益分析

项目	经产母猪数（头）	胎产活仔数（头）	年产胎次（胎）	胎次相差（胎）	总产仔窝数（头）	总产仔数相差数量（头）	哺乳仔猪存活率（%）	PSY（头）	PSY相差数量（头）
香香猪场	500	10.7	1.84	0.46	9 844	2 461	92	9 056	2 264
清单标准			2.30		12 305			11 231	

从表8-2可以看出，香香猪场母猪年产胎次只有1.84胎，比猪场管理清单标准少了0.46胎。在窝产仔数与哺乳仔猪存活率相同情况下，500头母猪猪场每年提供的PSY就少2 264头，如果计算其可带来的效益，损失应该非常大！

因此，提高香香猪场母猪的年产胎次，可以比较明显地提升猪场PSY！

那么怎样才能有效提高母猪年生产胎次呢？

③ 母猪年产胎次提升方案探讨　我们知道，母猪年产胎次=（365-非生产天数NPD）/（怀孕天数+哺乳天数）

由公式可知，母猪怀孕天数基本固定，而母猪哺乳天数与非生产天数则因猪场不同存在差异，因此提高母猪年产胎次的途径要么缩短哺乳天数，要么降低非生产天数。

方案一、缩短母猪哺乳天数　假设母猪怀孕天数115天，母猪非生产天数不变，断奶日龄从原来25天缩短至21天，根据母猪NPD计算方法可知，25天断奶时母猪非生产天数=365-（115+25）×1.84=107天，那么：

21天断奶时母猪年产胎次=（365-107）/（115+21）=1.90（胎）

缩短哺乳天数可增加年产胎次=1.90-1.84=0.06（胎）

可给猪场一年增加PSY=0.06胎×500×10.7头×92%=295（头）

通过缩短母猪哺乳时间4天，每头母猪一年可多产0.06胎，则500头母猪猪场每年可增加PSY 295头。但是过早断奶必然会增加猪群死亡、感染疾病及生长性能降低等风险，而且母猪产后自身恢复需要一定时间，正常情况下，母猪哺乳天数不应低于21天（Ⅳ–2标准：哺乳天数21～25天）。因此希望通过缩短哺乳时间，以提高母猪年产胎次的方案可行性有限且要承担相应较大风险。

方案二、降低母猪非生产天数NPD　首先，我们对非生产天数NPD作一个解析。

➢ NPD的定义　猪场任何一头生产母猪和超过适配年龄的后备母猪，其没有怀孕、没有哺乳的天数，称为非生产天数（non–productive days，NPD）。

一般来说，将产后5～7天内的断奶再发情间隔称为正常非生产天数，而将断奶后发情延迟、返情及流产等所导致的生产间隔均称之为非正常非生产天数（或称为非必需生产天数）。在猪场的管理中通常计算的是母猪年非生产天数。

➢ NPD的计算方法

公式1：NPD = 365 −（妊娠期+哺乳期）× 年产胎次（常用）

说明：a. 此公式计算的NPD为每年非生产天数；

　　　 b. 年产胎次=全年产仔窝数/年经产母猪平均存栏；

　　　 c. 经产母猪平均存栏的准确性会受母猪更新和淘汰等影响，从而影响NPD的精准性。

公式2：NPD =（非生产天数/日存栏）/月天数×365（管理软件内公式，如大北农猪联网）

说明：

a. 非生产天数，根据每天录入的母猪生产状态（如空怀、返情、淘汰等）统计得出来的，一个月统计一次，因此是猪场内总的存栏母猪整一个月的非生产天数。

b.（非生产天数/日存栏）/月天数，即为每一头母猪分摊到每天的非生产天数。

通过计算可知，香香猪场母猪年非生产天数为107天，而猪场管理标准为小于45天（Ⅲ–2 非生产天数NPD＜45天），两者存在较大的差距。也就是说，与标准相比，香香猪场每头母猪每年至少要再多吃62天的白食。

假设母猪怀孕天数115天，哺乳天数25天，其他指标不变，则通过降低62天NPD可以实现：

母猪年产胎次可提高=（365−45)/（115+25）−（365−107)/（115+25）=0.44（胎）

每年可多提供PSY=0.44×10.7×500×92%=2 166（头）

除每年多提供2 166头PSY可给猪场带来非常可观的经济效益外，额外的62天母猪吃白食的NPD所节约的饲料成本同样不少。因此，降低香香猪场的NPD可以非常有效提高猪场母猪年产胎次，明显提高猪场PSY，增加猪场收益。

所以，降低猪场母猪NPD是香香猪场更为有效的解决母猪年产胎次低、提升猪场效益的途径。

④影响母猪NPD的主要原因分析见图8-3。

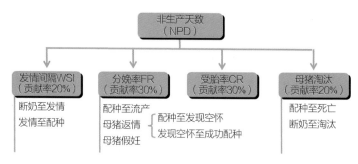

图8-3 影响NPD原因的分析

从图8-3可以看出，影响母猪NPD的主要关键点为以下四方面：

➢ 发情间隔（Ⅲ-2断奶发情间隔<7天）。

➢ 分娩率（Ⅲ-2分娩率>90%）。

➢ 受胎率（Ⅲ-2受胎率>95%）。

➢ 母猪淘汰（Ⅲ-2异常母猪淘汰率>90%）。

⑤ 设定目标 根据猪场现状，对照猪场管理清单标准，将猪场NPD降低目标分解，确定阶段性预计达成的量化目标（假设猪场存活率、窝产仔数不变，表8-3）。

表8-3 阶段性量化目标设定

具体改进指标		清单标准	香香猪场现状	6个月改进后目标	预计改进目标
NPD（天）		<45（Ⅲ-2）	107	62	-45
年产胎次（胎）		>2.30（Ⅲ-2）	1.84	2.16	+0.32
PMSY（头）		>22.5（Ⅵ-2）	17	20	+3
PSY（头）		>24（Ⅳ-2）	18.1	21.3	+3.2
发情	7天内发情率（%）	≥90（Ⅲ-2）	75	85	+10
配种	受胎率（%）	≥95（Ⅲ-2）	90	95	+5
分娩	分娩率（%）	≥90（Ⅲ-2）	75	85	+10
	返情率（%）	<13（Ⅲ-2）	25	15	-10
淘汰	后备母猪更新率（%）	30%~35（Ⅱ-2）	10	30	+20
	母猪死亡率（%）	<2（Ⅲ-2）	6	3	-3
	后备母猪利用率（%）	>90（Ⅱ-2）	75	90	+15

（3）围绕预计目标，提出解决方案　见表8-4。

表8-4　完成目标的解决方案

	预计目标	实施方案
发情间隔	7天内发情率提高10%	加强哺乳母猪饲喂，保持母猪断奶时体况良好
		断奶后母猪短期优饲、诱情及时
配种状况	受胎率提高5%	提供优良的公猪精液
		保证配种工作效果
分娩状况	分娩率提高10%	妊娠母猪诊断
	返情流产率降低10%	加强妊娠母猪饲养管理，减少返情、空怀、流产
母猪淘汰	母猪更新率提高20%	优化母猪群结构、保持顺畅的母猪淘汰机制，降低配种后死亡
	母猪死亡率降低3%	
	后备母猪利用率提高15%	加强后备母猪选种、饲喂、诱情，减少淘汰

（4）对照二级清单确定实施的标准流程（二级管理清单，本书略）涉及的标准流程有后备母猪猪饲养标准化管理、母猪淘汰标准管理、公猪饲养采精操作标准、配怀舍标准化饲养管理、分娩舍标准化饲养管理等（图8-4）。

图8-4　母猪各阶段二级管理清单

（5）有针对性地对员工进行岗位培训，熟悉清单实施内容。

套餐培训　　　　　　　　新员工培训　　　　　　　　小组培训

8.3.2 D——执行实施清单内容，并加以过程控制，兑现设定的降低NPD的清单目标。

（1）缩短母猪发情间隔，提高断奶后母猪发情效率

1）加强哺乳母猪的饲养管理，减少哺乳期间体重损失，保持母猪断奶前良好的体况［Ⅳ-4.2哺乳母猪饲喂参考方案、Ⅲ-6.4母猪体况评分与管理、Ⅳ-6.2分娩母猪体况（背膘）管理］。

| 多餐饲喂 | 适宜温湿度 | 湿料饲喂 |

2）加强母猪断奶后管理，提高断奶7天发情率。

①断奶母猪短期优饲，帮助母猪快速恢复体况（Ⅲ-4.2配种妊娠母猪饲喂方案）。

②正确的空怀母猪催情管理（Ⅲ-6.6空怀母猪催情方案）（批次断奶母猪配种跟踪表）。

| 断奶母猪 | 母猪查情 |

（2）提高母猪受胎率

1）提供优良的公猪精液（Ⅰ-6.5公猪精液品质影响因素分析）

①保证公猪本身的状况良好，符合目标生产要求（Ⅰ-1公猪饲养目标）。

②正确的采精操作（Ⅰ-6.3公猪使用频率、Ⅰ-6.4.1采精操作流程）。

③精液处理过程正确（Ⅰ-6.4.2公猪精液品质等级检查、Ⅰ-6.4.5精液稀释与保存）（采精记录表）。

正确的采精操作　　　　　　　　　　　　　精液检测

2）保证有效的配种工作（Ⅲ-6.9母猪成功妊娠影响因素分析）

①及时正确的查情工作［Ⅲ-6.5.1空怀（后备）母猪查情操作清单、Ⅲ-6.5.2空怀母猪发情鉴定］（后备母猪查情记录表）。

②正确的配种操作（Ⅲ-6.7配种管理）（配种记录单）。

配种前清洗　　　　　　　配种操作　　　　　　　配种记录单

（3）提高母猪分娩率

1）运用B超仪及时检查配种母猪，及时发现空怀母猪，减少非必需NPD，提高母猪效率（Ⅲ-6.8配种母猪妊娠鉴定）（B超妊娠监测表）

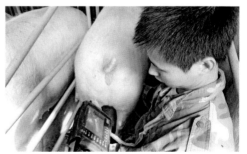

公猪查情　　　　　　　　　　　　　　　　B超检测

2）加强妊娠母猪饲养管理，减少母猪流产发生（Ⅲ—6.12其他异常情况分析）。

①妊娠母猪正确饲喂（Ⅲ-4.2配种妊娠母猪饲喂方案）（妊娠舍存栏及饲喂报表）。

②保持妊娠母猪环境舒适，尤其温度控制（Ⅲ-5.1配种妊娠舍环境控制）。

③妊娠母猪免疫科学、避免霉菌毒素污染（Ⅲ-5.2.1配种妊娠母猪霉菌毒素控制、Ⅲ-5.2.2配种妊娠母猪免疫参考程序）。

精准料量　　　　　　　　　适宜温湿度　　　　　　　　　数据管理

（4）保持合理的母猪淘汰机制

1）优化母猪群结构，制定合理的母猪淘汰机制

①合理的猪群结构是生产最大化的重要条件（Ⅲ-6.1猪场理想母猪群胎龄结构）。

②及时、主动、有效地淘汰无饲养价值的母猪（Ⅱ-6.3后备母猪淘汰标准、Ⅲ-6.2母猪淘汰标准）。

2）提高后备母猪高效利用率，减少后备母猪的淘汰率

①加强后备母猪选种（Ⅱ-6.1.1后备母猪引种安全、Ⅱ-6.2.1后备母猪选种标准）。

②后备母猪正确、科学饲喂、管理（Ⅱ-4后备母猪营养、Ⅱ-6.1.2后备母猪隔离、Ⅱ-6.1.3后备母猪适应、Ⅱ-5.1后备母猪舍环境控制、Ⅱ-5.2后备母猪生物安全等）。

③后备母猪有效的促发情措施（Ⅱ-6.4后备母猪促发情措施）（后备母猪查情记录表）。

母猪淘汰报表　　　　　　　无饲养价值母猪　　　　　　　后备母猪驯化

（5）营造良好的猪场工作、生活氛围，提高工作效率。

给予员工融入感，活跃猪场气氛，建立起猪场双向沟通机制，激发员工的积极性（可参阅本书第7章实现猪场清单式管理之现场5S管理）。

场长信箱

娱乐比赛

体育活动

猪场竞赛

8.3.3　C——对猪场管理清单执行的结果进行检查和总结，明确效果，找出问题

"人们不会做你期望的事情，只会做你检查的事情"，但很多猪场管理者太过于高估员工的自觉性和高度，认为他们会非常自觉地完成任务并主动向你汇报，但往往良好的期望却屡遭沉重的打击。

作为一名猪场管理者，要想员工能够完全按照计划的方案去做事，一定要掌控计划执行的过程，做到心中有数，而不是被动等待结果。你想要什么就跟踪检查什么，你重视什么就要重点检查什么。

跟踪检查，是不是意味着管理者每天都要像催命鬼一样跟在员工后面呢？当然不是！正确的做法是，做好工作目标和生产报表（日报、周报、月报），随时检查工作的进度。

（1）检查工作进度，通过生产报表和工作追踪表追踪各项生产计划落实情况　拉姆·查兰的《执行》一书中描述道："在每次会议之后，最好能制订一份清晰的跟进计划：目标是什么，谁负责这项任务，什么时候完成，通过何种方式完成，需要使用什么资源，下一次项目进度讨论什么时候进行，通过何种方式进行，将有哪些人参加，等等。"

①利用工作计划表追踪、检查实施过程。

工作追踪表　　　　　　　　　　　　　　会议工作追踪

② 考核前后比对情况，检查工作落成情况。

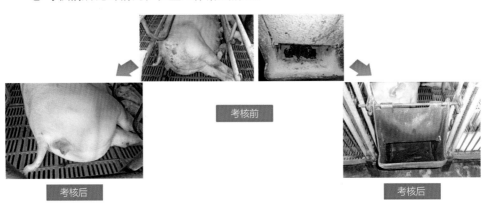

考核前

考核后　　　　　　　　　　　　　　　考核后

③ 根据工作生产报表，检查方案实施结果　很多猪场老板对于员工的加薪、奖励只是依靠"感觉"来操作，而平时的生产报表、生产数据的记录和积累就能够成为人员的奖罚的客观评价的基础。

生产记录表

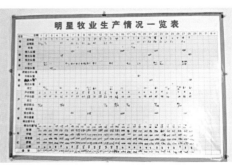

生产成绩汇总

（2）追踪考核方案落实情况（猪场三级管理清单，略） 通过生产报表的汇总对员工进行绩效考核，落实考核方案。

考核方案

2014年1月份分娩生产考核汇总表

序号	姓名	栋舍	转出仔猪时间	新生健仔数	转入	弱仔	转出	死亡	死亡率	育成率	淘仔	死胎	木乃伊
A组	刘曙圣	产1栋	1.15	236	3	3	223	9	3.72%	96.28%		19	3
		产3栋	1.18	233		8	198	8	3.20%	96.80%	7	16	2
	罗恩后	产7栋	1.9	263		6	243	13	4.83%	95.17%			
		产8栋							#DIV/0!	#DIV/0!			
		合计		732	11	18	664	30	4.04%	95.96%	7	35	5
B组	戴学贤	产4栋	1.26	226	13	8	215	17	6.88%	93.12%	1	21	7
		产2栋	1.22	215	1	6	209	20	8.93%	91.07%	2	9	3
	刘长智	产5栋	1.29	226	15	6	215	16	6.48%	93.52%	1	13	4
		产6栋							#DIV/0!	#DIV/0!			
		合计		667	29	22	639	53	7.61%	92.39%	4	43	14

制表人：彭长娣

考核奖金统计

（3）绩效考核反馈与沟通（猪场三级管理清单，略） 需要根据员工业绩记录（生产绩效指标）进行绩效反馈沟通，使员工了解他的绩效情况，认识工作的不足，达到促进其不断进步的目的。

8.3.4 A——总结成功经验，制定提升标准

（1）对计划清单执行结果进行分析总结，分析原因，找出差距 经过上述努力后，香香猪场的生产成绩有了显著提高，非生产天数明显降低（表8–5）。

表8-5　香香猪场第一阶段目标完成情况表

具体改进指标		清单标准	6个月后改进目标	当前生产成绩	6月后生产成绩	改善程度	与目标差距
NPD（天）		<45（Ⅲ-2）	62	107	65	-42	-3
年产胎次（胎）		>2.30（Ⅲ-2）	2.16	1.84	2.14	+0.30	-0.02
PMSY（头）		>22.5（Ⅵ-2）	20	17	19.8	+2.8	-0.2
PSY（头）		>24（Ⅳ-2）	21.3	18.1	21.1	+3	-0.2
发情间隔	7天内发情率（%）	≥90（Ⅲ-2）	85	75	83	8	-2
配种状况	受胎率（%）	≥95（Ⅲ-2）	95	90	92	2	-3
分娩状况	分娩率（%）	≥90（Ⅲ-2）	85	75	83	8	-2
	返情率（%）	<13（Ⅲ-2）	15	25	17	8	2
母猪淘汰	母猪更新率（%）	35~40（Ⅱ~2）	30	10	20	10	-10
	母猪死亡率（%）	<2（Ⅲ-2）	3	6	3	-3	0
	后备母猪利用率（%）	>90（Ⅱ-2）	90	75	86	11	-4

　　通过第一阶段计划的实施，猪场非生产天数由107天降到65天，虽然与预期目标还存在一定差距，但是给猪场带来的效益还是很明显。

　　假设：存活率（95%、96%、98%）、窝产仔数（10.7头）不变，饲料成本以2.8元/千克计，每头肥猪出栏利润200元。其他人工成本、栏舍折旧费用等不计。

　　非生产天数减低=107-65=42（天）

　　猪场所增加的年产胎次=（365-65）/（115+25）-（365-107）/（115+25）=0.30（胎）

　　年出栏PMSY增加数=0.30胎×10.7头×500头基础母猪×92%×96%×98%=1 389（头）

　　PMSY增加猪场利润=1 389头×200元=277 800（元）

　　非生产天数减少节约的饲料成本=（107-65）×500头×2.8元/千克×3千克=176 400（元）

　　总增加利润=277 800+176 400=454 200（元）

非生产天数的降低给猪场带来45万元的利润，如果这些多赚的钱分出部分（或20%）奖励员工呢？那么猪场的员工会不会更有积极性？猪场会不会管理得越来越好？

生产成绩提高，
员工获得奖励，
猪场实现双赢！

颁发证书

奖金奖励

生产达标奖励

领奖金

（2）总结成功经验与不足，未解决的问题进入下一个PDCA循环。

总结会议

生产数据

（3）工作目标的重新制定，进入下一个PDCA循环（时间为6个月）（表8-6）。

表8-6 设定下一阶段工作目标

具体改进指标		清单目标	6个月后现状	二阶段目标	二阶段改善程度目标	总改善程度目标
NPD（天）		<45（Ⅲ-2）	65	50	-15	-57
年产胎次（胎）		>2.30（Ⅲ-2）	2.14	2.25	+0.11	+0.41
PMSY（头）		>22.5（Ⅵ~2）	19.8	20.8	+1	+3.8
PSY（头）		>24（Ⅳ-2）	21.1	22.1	+1	+4
发情间隔	7天内发情率（%）	≥90（Ⅲ-2）	83	90	7	15
配种状况	受胎率（%）	≥95（Ⅲ-2）	92	95	3	5
分娩状况	分娩率（%）	>90（Ⅲ-2）	83	87	4	12
	返情率（%）	<13（Ⅲ-2）	17	13	-4	-12
母猪淘汰	后备母猪更新率（%）	30~35（Ⅱ-2）	20	30	10	20
	母猪死亡率（%）	<2（Ⅲ-2）	3	2	-1	-4
	后备母猪利用率（%）	>90（Ⅱ-2）	86	90	4	15

在香香猪场运用猪场清单式管理过程中，通过不断的PDCA循环，在执行的过程中不断总结经验，发现问题，并持续改进，最终实现降低猪场NPD的目标。

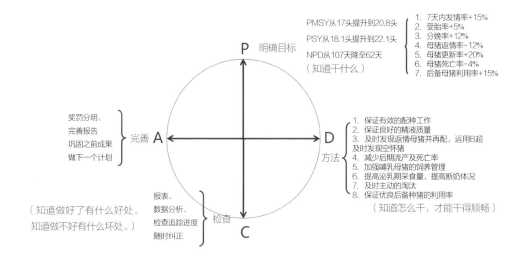

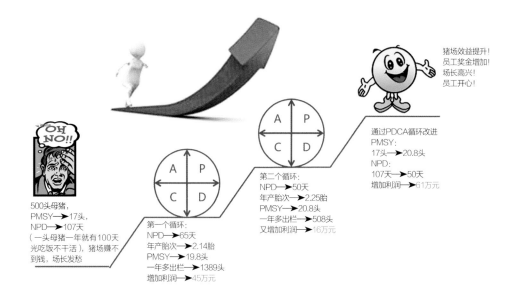

结　语

应用清单式管理抓住养猪业转型升级的机遇

我国正处于传统农业向现代农业转变的关键时期，中央政府强调要加快推进农业现代化，促进农业发展方式转变。从历届"中央1号"文件的关键词中也可以看到中央对于"农业发展方式转变"的重视。

★ 中央历年文件中农业主题变化

那么农业的发展方式应该怎么转变呢?

养猪业转型升级的关键之一也是淘汰落后产能，全面提升养殖产供销各环节运营效率的过程。长期以来，养猪从业者组织体系低效，虽然社会上有各种各样的培训交流会，但几乎都是点状的、非系统性的、缺乏针对性。本书旨在从最基础的层面开始，将"养殖户"变为"猪产业工人"。重点放在员工意识和能力提升之上，持续改善猪场经营体质，提升盈利能力。

目前养猪业进入了社会化的"规模猪场基础设施革命"时期，广大的社会力量都参与到猪场基础设施建设中来，一批设备先进的猪场也在建成。有了一个现代化猪场的硬件，不代表就一定能够提升猪场的效益，即便是在工业化生产上也是如此。

合众资源·3A顾问董事长刘承元博士1991年日本留学毕业后进了深圳理光公司工作。日本理光公司曾经有一款经典产品复印机FT4490，这款产品的图纸、模具、工具和生产线等成套技术和装备同时卖给了深圳理光公司和桂林理光公司，桂林理光还选派了数十名员工前往日本学习研修数月。最后的结果是，深圳理光可以做到近100%的直通率，桂林理光却只能做到一半左右（即有一半机器在生产线上发生不良需要移出生产线进行处理），深圳理光的生产效率是桂林理光的数倍。

同样是在中国的工厂，为什么会有如此大的差异，刘承元博士认为深圳理光与桂林理光的最大不同之处是，深圳理光的中方员工从日本专家那里学到了技术以外的东西，那就是工业化思维模式：过程标准化、可复制；内容求创新以及精细化工作态度。

清单式管理从易处小处着手，比较容易让"猪产业工人"理解并接受。它虽然没有"六西格玛"管理的神秘深奥，也没有"业务流程再造""核心竞争力构建"等管理模式的新颖时尚。但本书试图以清单为载体，通过PDCA的过程推动达到以下目的：

（1）强化目标导向和计划性　清单式管理以组织整体目标和组织根本任务为依据，以工作单位及其人员的承担职责和实际能力为着眼点，以现实阶段工作预期为出发点，将具体工作清单化，并将清单信息传递给相关单位，督促其按时按量按质完成。

（2）提供了工作执行的标准和行动蓝本　工作单位可以根据接收到的清单，围绕焦点、难点问题，成立研讨小组着手研究，找到项目管理的办法。

（3）通过工作记录清单实现可控制性和可追溯性　组织可以通过了解单位工作项目的进展情况，随时进行调控，并可根据需要，对工作项目的最终结果和其先期过程进行追溯考量，以总结成绩找出不足等。

总之，清单式管理本着系统思维、大道至简的宗旨，让猪场所有的员工都积极参与到猪场的运营管理中，并持续改善，以期实现猪场管理的标准化，保证工作过程和结果的效率相对最大化。

我国的"神十"能飞天，"蛟龙"可探海，我们就不能养好猪吗？"猪粮安天下""中国人的饭碗任何时候都要牢牢端在自己手上"。在谋求转型升级的路途上，让我们带着梦想，肩负使命，坚定信念，积攒每一分进步，实现我们心中的养猪梦！

致　谢

　　本书最终能成稿，最应该感谢的是那些坚守在养殖行业、千千万万的平凡生猪养殖生产者们，是他们对养殖的辛勤劳作、十年如一日地默默坚守一直激励着我热爱这个行业，并为之付出努力。

　　感谢行业内日夜研究的专家学者：中国工程院院士李德发教授、中国工程院院士陈焕春教授、四川农业大学陈代文教授、四川农业大学吴德教授、华中农业大学彭健教授、英国营养专家Dr Mike Varley、英国猪场管理专家Mr. John Gadd、大北农集团应广飞老师、大北农集团俞云涛老师、华南理工大学陈春花教授，等等。他们敢于向困难发起挑战，甘于寂寞、大量翻阅文献资料，潜心钻研行业的最新发展动态，甚至深入生产一线，实地调研考察，有的长期驻扎，一干几十年，将自己的青春奉献给养殖事业。前辈和师长对行业的热爱和执着，也一直鼓励和鞭策着我继续前行。

　　感谢我的高中物理老师——江西省高安中学的谢书良老师。其在20世纪80年代就引入思维导图的理念，让我在高中三年能够接触并学习系统思维，使每个章节零散的知识点能够串起来，形成一个个清晰的知识线索图。这种系统思维帮助我这样一个智商平平的理科女生不那么纠结地学好晦涩难懂的物理，并且让我在今后的工作和生活中一直受益！

　　感谢我的大学班主任南昌大学刘成梅教授，以及我的硕士研究生导师江西农业大学瞿明仁教授，以及我工作中的第一任导师——正大集团的黄坤产博士！他们严谨治学和宽厚为人的态度，给我树立了榜样。

　　感谢南昌正大和正大集团的各位领导和老师给予我的帮助和指教。特别感谢引入我工作的人生导师南昌正大首任总经理罗义祥先生，其言传身教、点滴教导给我为人处世树立了榜样。

　　感谢大北农中南集团谈松林老师。他一直将全心全意服务猪场、降低猪场的养猪成本、为猪场创造最大效益贯彻于饲料的经营管理的企业理念中，并在企业文化、组织模式、机制制度、服务模式等多方面进行变革。这样的理念和变革有助于我们全身心投入猪场的研究，而不是一味追求商业利润最大化。

感谢大北农集团董事长邵根伙博士。他将"报国兴农、争创第一、共同发展"的理念深入到集团的每个员工心里，已成为我们共同的"中国梦"。他为热爱农业、投身农业、贡献农业的有识之士搭建了一个共同事业发展的平台，齐心协力，共建世界级农业科技企业，将整个农业板块、养猪上下产业链与信息化"互联网+"结合起来，提升中国的农业实力，引领世界潮流。

感谢大北农集团江西区技术部团队的所有人员，近一年来夜以继日、累并快乐着地工作，特别是傅厚龙、刘英俊、王铭飞、黄兵雨、周淑亮等老师对本书的编排也做了大量的工作。

感谢江西农业大学何余湧老师和中国农业出版社责任编辑周晓艳老师，是他们的鼓励最终促成此书成稿。

感谢我的父母，一直以来全身心的付出，使我无后顾之忧，感谢我的爱人和我的女儿给予我的爱和宽容。正是全家人的爱，让我有个温馨幸福的家庭，可以安心地从事着自己热爱的工作。

参 考 文 献

阿图·葛文德, 2012. 清单革命[M]. 浙江: 浙江人民出版社.

吴德, 2013. 猪标准化规模养殖图册[M]. 北京: 中国农业出版社.

芦惟本, 2013. 跟芦老师学养猪系统控制技术[M]. 北京: 中国农业出版社.

杨永加, 2014. 清单式管理的战略价值[J]. 学习时报.

顾招兵, 徐顺来, 刘作华, 等, 2012. 国外养猪业现状与发展趋势[J]. 畜牧与兽医, 44(7): 88-92.

雷明刚, 2013. 控制和改善猪舍环境提高猪只生产性能[J]. 中国猪业(8): 11-13.

李职, 2014. 妊娠母猪营养管理为关键[J]. 猪业观察（3）: 25-26.

彭健, 2013. 种猪的营养与科学管理[J]. 农村养殖技术（10）.

张守全, 2013. 挖掘种猪繁殖潜力提高养猪生产效益[J]. 中国猪业（8）: 9-11.

John G, 2015. 现代养猪生产技术: 告诉你猪场盈利的秘诀[M]. 北京: 中国农业出版社.

Jeffrey K L, 2009. 丰田文化[M]. 北京: 机械工业出版社.

Challinor C M G, Dam B E, Close W H, 1996. The effects of body condition of gilts at first mating on long-term sow productivity[J]. Animal Science, 62: 660.

Eastham P R, Smith W C, Whittemore C T, et al, 1998. Responses of lactating sows to food level[J]. Animal Production, 46(1): 71-77.

Faust M A, McDaniel B T, Robison O W, et al, 1998. Environmental and yield effects on reproduction in primiparous Holsteins [J]. Journal of Dairy Science, 71(2): 3092-3099.

Ferguson P W, Harvey W R, Irvin K M, 1985. Genetic, phenotypic and environmental relationships between sow body weight and sow productivity traits[J]. Journal of Animal Science, 60(2): 375-384.

Friggens N C, Ingvartsen K L, Emmans G C, 2004. Prediction of body lipid change in pregnancy and lactation [J]. Journal of Dairy Science, 87(14): 988–1000.

Hoving L L,Soede N M,Graat E A M, et al, 2010. Effect of live weight development and reproduction in first parity on reproductive performance of second parity sows[J]. Animal Reproduction Science, 122(1): 82–89.

Klawuhn D, Staufenbiel R, 1997. Predictive value of back fat thickness for body fat content in cattle[J]. Tierarztliche Praxis, 25(2): 133–138.

Koketsu Y, Dial G D, Pettigrew J E, et al, 1996. Feed intake pattern during lactation and subsequent reproductive performance of sows[J]. Journal of Animal Science, 74(12): 2875–2884.

Lawlor P G, McKeon M, Quinn A, et al, 2012.Pig farmers' conference 2012: Proceedings from the Teagasc National Pig Conferences[J].

NRC, 2012. Nureiwn requirements of swine: eleventh revised edition[M]. Washington DC: Academies Press.

NRC, 1998. Nureiwn requirements of swine: tenth revised edition[M]. Washington DC: Academies Press.

Spalding R W, Everett R W, Foote R H, 1975. Fertility in New York artificially inseminated Holstein herds in dairy herd improvement [J]. Journal of Dairy Science, 58(4): 718–723.

Varley M A, Wiseman J, 2001. The weaner pig: nutrition and management[M]. Trowbridgs: Cromwell Press.

Zak L J, Cosgrove J R, Aherne F X, et al, 1997. Pattern of feed intake and associated metabolic and endocrine changes differentially affect postweaning fertility in primiparous lactating sows[J]. Journal of Animal Science, 75(1): 208–216.